U0307356

中国绿色环保产业政策机制、技术创新与商业发展研究

袁建伟　曾　红　范万年　余　昕 著

浙江工商大学出版社
ZHEJIANG GONGSHANG UNIVERSITY PRESS
·杭州·

图书在版编目(CIP)数据

中国绿色环保产业政策机制、技术创新与商业发展研究 / 袁建伟等著. —杭州:浙江工商大学出版社，2021.1

ISBN 978-7-5178-4128-9

Ⅰ. ①中… Ⅱ. ①袁… Ⅲ. ①环保产业—产业发展—研究—中国 Ⅳ. ①X324.2

中国版本图书馆 CIP 数据核字(2020)第190647号

中国绿色环保产业政策机制、技术创新与商业发展研究
ZHONGGUO LVSE HUANBAO CHANYE ZHENGCE JIZHI JISHU CHUANGXIN YU SHANGYE FAZHAN YANJIU

袁建伟　曾　红　范万年　余　昕　著

责任编辑	唐　红
封面设计	王　辉　张俊妙
出版发行	浙江工商大学出版社
	(杭州市教工路198号　邮政编码310012)
	(E-mail:zjgsupress@163.com)
	(网址:http://www.zjgsupress.com)
	电话:0571-88904980,88831806(传真)
排　　版	杭州朝曦图文设计有限公司
印　　刷	杭州宏雅印刷有限公司
开　　本	710mm×1000mm　1/16
印　　张	20.25
字　　数	245千
版印次	2021年1月第1版　2021年1月第1次印刷
书　　号	ISBN 978-7-5178-4128-9
定　　价	69.00元

目 录

第一章　绿色经济视角下我国环保产业发展综述

一、绿色经济的概述　　　　　　　　　　　　　　004

二、国外绿色经济发展政策与成效　　　　　　　　010

三、我国绿色经济发展的路径和成效　　　　　　　024

四、绿色经济发展背景下的环保产业　　　　　　　030

五、我国环保产业发展分析　　　　　　　　　　　040

第二章　"绿水青山就是金山银山"理念下的环保实践

　　　　　——浙江的生态文明建设

一、生态文明建设成效　　　　　　　　　　　　　083

二、生态环境保护法规政策　　　　　　　　　　　089

三、环境治理到生态文明建设的创新　　　　　　　090

四、浙江样板的实践　　　　　　　　　　　　　　100

第三章　我国绿色环保产业商业模式研究

一、环保产业发展概况　　　　　　　　　　　　　119

二、行业发展机遇　　　　　　　　　　　　　　　122

三、环保产业的发展历程　　　　　　　　　　　　140

四、我国环保产业与国外环保产业对比研究　143

五、工业环保领域的发展　146

六、环保装备制造业的发展　154

七、生活垃圾处理产业的发展　158

八、农村污水治理产业的发展：碧水源　168

九、小环境空气治理产业的发展：格力　171

十、环保行业的壁垒　172

十一、PPP模式初步解决环保产业重资产壁垒　176

十二、我国绿色环保产业总体发展契机、瓶颈及应对举措　178

第四章　中国绿色环保技术创新发展

一、绿色环保技术概念　185

二、环境保护技术现状　186

三、绿色环保技术创新　219

四、绿色环保技术发展趋势　242

第五章　绿色环保产业发展的规律、经验及我国现状

一、绿色环保产业及其发展规律　259

二、典型国家绿色环保产业发展历程及经验　274

三、我国绿色环保产业及其发展　291

附 录

附录1:全国人大及常委会制定的与绿色环保产业相关的法律
法规 309

附录2:国务院制定的与绿色环保产业相关的法律法规 311

附录3:国家生态环境部门制定的与绿色环保产业相关的法律
法规 313

附录4:国家其他部门制定的与绿色环保产业相关的法律法规
314

附录5:我国签署的与绿色环保产业相关的国际公约 315

第一章

绿色经济视角下我国环保产业发展综述

通俗地说，经济发展的模式就是人类在文明运动进程中，在有限的自然空间里，利用一切技术和手段，获取最大的物质能量，来满足人类的物质需求和推动社会经济发展的一切行为。技术和手段不同，经济发展的模式也不尽相同，这是因为生产力决定生产关系。放眼世界，密集型、粗放型的经济发展模式促进了经济的增长，但是高能耗、高污染的工业经济对自然的生态平衡和资源的利用存在着极大的威胁。这种以能源的高投入、高耗费和牺牲环境的美好为代价的经济发展模式使我国经济建设取得了巨大成就，但也带来了严峻的生态环境问题，同时制约着经济发展的动力。在这种形势下，需要一种可持续的、生态的经济发展模式，在发展经济的同时能满足人们对美好环境的需求，起到一种平衡作用。

环保产业，正是满足了这种需求。它是一种"平衡器"，是治理环境问题的着力点。由治理环境问题所产生的经济效益和生态价值的环保产业，成为各国战略性培育的新兴产业。在此背景下，它不断发展壮大，并与"新生代"经济——数字经济相结合，创新生产、服务和监管等方式，在改进全球生态环境的同时，成为经济的最大增长点，是各国增强国际竞争力的聚集点。

一、绿色经济的概述

(一)绿色经济思想

2012年6月举行的联合国可持续发展大会提出一种新的经济发展模式——绿色经济,这一经济思想,最早萌芽于20世纪中叶出版的《寂静的春天》,该书由美国海洋生物学家雷切尔·卡逊所著。书中揭示了西方工业革命在带来巨大的经济效益的同时对野生动物的生存环境产生了巨大的破坏作用,因此倡导经济发展应减少对生态环境的污染和破坏。该书的出版,唤醒了公众环境保护的意识,引发了美国甚至全世界的环境保护事业。

1972年,罗马俱乐部的研究报告《增长的极限》提出:工业革命以来的经济增长模式带给地球和人类自身的是毁灭性的灾难,地球的有限资源和自然生态环境将会因为人口和工业的无序增长而耗竭殆尽。同年6月5日,联合国在斯德哥尔摩召开了人类历史上第一次大型的环境会议,达成《联合国人类环境宣言》,成立联合国环境规划署(UNEP),制定"世界环境日"(每年的6月5日)。从此,绿色发展将环境保护正式写进了人类发展的议事日程,使经济发展与生态环境保护从此不再割裂,而是在一个大的循环系统内和谐统一,造福人类和子孙后代。这一年是人类进入绿色发展的标志性一年。

"绿色经济"一词,则源于英国环境经济学家戴维·皮尔斯的著作《绿色经济的蓝图》第一部,该书出版于1989年,书中的主要观点是:应将破坏自然生态环境和耗竭资源的活动列入国家经济平衡表,通过对环境污染的主体进行责任划定实施惩罚,并与市场机制相结合,可促进持续的发展。这一观点将绿色经济与可持续发展经济相等同,并且是在环境经济学的视角下形成的。

2008年10月,"全球绿色新政及绿色经济计划"由联合国环境规划署启动，倡议各国政府建立低能耗、环境友好、可持续的"绿色经济"增长模式。2009 年，联合国召开第 25 届理事会，提出"实行绿色新政、应对多重危机"倡议，世界各国开始努力实践绿色新政，发展绿色经济，促进绿色复苏。自此，绿色经济已经由理论学术研究转向政策的具体实践，成为全球环境与经济发展的趋势和潮流。

　　"地球只有一个。"面对工业革命后产业经济的发展对自然生态的破坏，人类不得不提出一种全新的经济发展模式——绿色经济。这种模式构建的是人类与自然环境和谐统一，是对自然生态环境的改善和保护，是人类赖以生存的唯一的一种发展方式。在对绿色经济进行定义时，百度词条给出的定义是在普适性上，从市场需求和目标导向角度概括出的一种概念：一种导向是市场，基础是传统产业，目的是经济与环境的和谐统一的经济发展模式，表性特征为产业经济是适应人类环保与健康需要而产生的。而在学术界的定义中，绿色经济的目标和内容更为广泛，例如北京工商大学世界经济研究中心主任季铸教授把效率、和谐、持续作为绿色经济发展的目标，从三次产业的绿色化发展来定义：以生态农业、循环工业和持续服务产业为基本内容的经济结构、增长方式和社会形态。不难看出，绿色经济是一种平衡经济与环境和谐发展的经济形态，是在传统产业经济的基础上，通过增扩知识体系和技术创新在相关产业领域以低碳、生态和循环的方式，增加经济增长动能，以满足人类对美好生活的向往和需求。这种融合了人类现代文明，市场化和生态化相结合的经济模式，体现出自然资源价值和生态价值。由此，绿色经济从环境经济走向了生态经济，走向了当前世界经济发展的舞台中央。

(二)绿色经济与其他经济理论的辩证关系

1. 循环经济

循环经济产生的背景是工业化带来的自然环境的破坏:资源的枯竭、能源的短缺和自然生态的污染。1966年,美国经济学家肯尼思·波尔丁在《未来宇宙飞船的地球经济学》一书中提出循环经济思想,他将地球阐述为一个大的封闭循环系统,在这个系统里经济与环境是循环的关系。根据这一经济思想,1990年,戴维·皮尔斯和凯利·特纳最早进行循环经济实践,建立了第一个循环经济理论模型,这是正式以循环经济命名的生态系统。[①]随后,德国、日本等一些发达国家,主要针对生产和消费过程中产生的大量废弃物制定了一系列循环可持续发展战略和措施,以实现废弃物的再循环利用。有研究提出,国外经济理论研究将循环经济分为三个层面:微观、中观和宏观:微观层面主要是指企业实施循环经济发展;中观层面是指企业之间或行业间的循环经济发展,主要是分配环节的绿色均衡;宏观层面则是指国家社会层面对循环经济发展的引导,培育绿色消费市场和发展资源利用回收等新兴产业。[②]循环经济将经济内部的再生产关系与外部资源的再生产关系紧密结合,通过减少资源的使用量、资源的再生和循环利用,促进经济发展与生态环境的和谐统一发展,达到利用最小化的成本产出最大的经济效益的目标。

2. 低碳经济

与循环经济一样,低碳经济的使命也是促进传统经济的转型,减轻人类对自然生态的破坏。低碳经济思想在2003年的英国能源白皮

① 绿色经济、循环经济、低碳经济,三者之间究竟是什么关系?[EB/OL].2019-05-22.https://www.sohu.com/a/315705522_799029.

② 胡莹莹.循环经济产生和发展的经济学基础[J].中国集体经济,2020(10):60-61.

书《我们能源的未来：创建低碳经济》一书中被首次提出：英国面临的三个挑战，需要有新的能源政策迎接低碳未来，提高可持续发展的经济增长率和生产力，拥有更广泛的竞争力市场。这三个挑战是：气候变化所带来的环境挑战；本土能源供应量的下降挑战；亟待更新的能源基础设施挑战。在2007年12月举行的联合国气候大会制定了"巴厘路线图"，缔约减少碳排放量，发展低碳经济。随后，美国等发达国家实施低碳经济战略，以促进经济的复苏。与循环经济不同的是，低碳经济注重技术创新、制度创新、产业转型、新能源开发等手段，并通过减少煤炭、石油等高碳能源的消耗，从源头上控制碳排放量，以减少碳排放对大气的污染，是能达到经济社会发展与生态环境保护"双赢"的一种经济发展模式。[①]这种经济发展模式旨在通过经济转型，减少碳排放量，达到社会经济发展与自然的和谐统一，实现可持续发展，其核心特征是低耗费、低排放和低污染。

3. 数字经济

从经济的发展轴来看，数字经济是第四次产业革命的必然结果。在20世纪90年代，美国经济学家唐·塔普斯科特出版了《数字经济》著作，随着数字技术的发展，数字经济创造出了新经济神话。2008年，国际金融危机迫使处于低迷的世界经济寻找新的增长点和驱动力。在2016年，G20杭州峰会首次提出全球性的《二十国集团数字经济发展与合作倡议》，表明世界经济新的增长点和驱动力已经找到，数字经济成为"新宠"。在报告中，数字经济被定义为：以使用数字化的知识和信息作为关键生产要素、以现代信息网络作为重要载体、以信息通信技术的有效使用作为效率提升和经济结构优化的重要推动力的一系列经济活动。从定义上看，数字经济以数字产业、技术和消

---

① 绿色经济、循环经济、低碳经济，三者之间究竟是什么关系？[EB/OL].2019-05-22.https://www.sohu.com/a/315705522_799029.

费为基本内容,将知识和信息作为新的生产要素,创新生产、流通、分配和消费方式。在经济活动中,数字经济表现出更强的张力和韧性,企业之间、行业之间的相互融合、共生发展变得更加简便与顺畅,创造新的产业业态,从供给侧推动经济结构的调整,达到社会经济发展与自然环境和谐统一的目标。

综上所述,绿色经济与循环经济、低碳经济和数字经济之间具有辩证统一的关系。

首先,从经济发展的目标上看,具有统一性。

绿色经济的最终目标是实现人与自然的和谐统一,而循环经济、低碳经济和数字经济虽然在实施路径上有所侧重,但是在本质上都秉持可持续发展的理念,在发展经济的同时减少对自然生态的破坏,实现经济发展与自然生态的和谐共生。它们具有统一的生态发展系统:人与自然环境不再割裂,而是相互影响和依存。具有统一的生产和消费观:减少能耗、降低成本,实现资源的循环与再利用。具有统一的发展观:经济的发展兼顾自然环境的保护,在自然资源可承受的范围内实现最大经济利益,同时满足人们对大自然美好环境的向往,最终达到共生平衡。因此,在经济发展的目标上,发展绿色经济、循环经济、低碳经济和数字经济在本质上是统一一致的。

其次,从经济发展的内容上看,具有包含性。

绿色经济以绿色发展理念贯穿整个经济发展的过程,其内容涵盖生产、流通、支配和消费各个环节,并且包括环境保护和生态文明建设等,是一个广泛而抽象的经济活动,但是在实践经济发展的过程中,它又是具体的:强调经济的循环发展、清洁能源的使用和发展、低碳出行和消费、生态农业的发展及数字经济的发展等。循环经济强调通过对自然资源的节约利用和物品的再生循环利用,在经济的发展与自然生态所承受的压力具有相适性的条件下,再利用自然的物质和能量转化,达到经济与生态系统的和谐统一;低碳经济的提出主要是应对全球气候的严重变化,减少碳排放量。在经济活动中要求生产、消费和能源低碳化,从而提高能源的利用效率和减少对大气的污染。可以看出,循环经济和低碳经济均是绿色经济发展的实施途径。同样,数字经济的发展则是通过数字技术、信息知识等新型生产要素的转化,产生新的经济价值。这种经济具备循环经济、低碳经济等经济活动的特点,并且具有灵敏、智慧等特点,因为在生产与生活消费上,资源的利用不再受时间、空间上的限制。因此,循环经济、低碳经济和数字经济属于绿色经济的发展范畴,是实施绿色发展的有效途径。

最后,从经济活动实现路径上看,具有延续性。

工业革命所带来的经济发展与对自然环境的极大破坏,使人类开始反思并且关注经济与生态系统的良性循环发展、和谐共生,因此产生了绿色经济思想。这一思想始终贯穿于全球经济发展。如何做到绿色发展? 首先,美国等发达国家提出循环经济,通过对资源的再生和循环利用、废弃物的循环利用和无害化处理来减少资源的耗费,以遏制能源的枯竭,使经济与自然生态系统处于一个良好的循环系统当中。随后,英国低碳经济的提出,发展了循环经济的绿色思想,并且将这一思想延伸到碳的排放量上,从减少碳的排放量角度为全球气候变暖提出可行又可靠的绿色思想。现在,随着大数据、云计算、人工智能等互联网技术的日益成熟,数字经济成为绿色发展的又一主力军。在传统产业经济无法进行的环境当中,它能在另一种环境中生存、壮大,促进整个经济的发展。比如,2019 年年底突发的新型冠状肺炎,将全球经济带入大萧条当中,而我国的数字经济却能独树一帜,在防疫抗疫、复工复产、生活消费等各个环节达到前所未有的高度,成绩斐然。因此,循环经济、低碳经济和数字经济三者之间相互统一且互补,是绿色经济发展的延续与具体实践。

从绿色经济思想萌发和发展过程来看,绿色经济本质上是经济的绿色化发展,因此它并不是一个全新的概念,是与可持续发展思想一脉相承的。其核心是利用技术、制度等的变革实现人与自然的和谐统一,目的是实现经济与生态系统的可持续发展,内涵则是在自然环境的承受力范围内实现经济发展的同时,保障环境的和谐美好,达到经济活动的绿色化、生态化、可持续化发展。

二、国外绿色经济发展政策与成效

(一)主要发达国家的绿色经济政策

在推行绿色经济发展方面,欧洲国家处于领跑者的位置。2010年,欧盟委员会提出"欧盟2020战略",旨在发展绿色低碳经济,加强各成员国间经济政策的协调,注重科技创新和清洁能源的发展,减少二氧化碳排放,提高可再生能源比例至20%,减少能源消耗为总量的20%,促进经济增长。

1. 英国:通过绿色市场作用的绿色经济

(1)发展绿色经济的背景

英国地处欧洲大陆西北面,四面环海,这个特殊的地理位置随着全球气候变暖所带来的海平面的上升,直接威胁到整个国家的生存。而作为第一次工业革命发源地,英国的能源消耗非常大,所产生的温室气体增加了阻碍经济与环境发展的系数。2000年,英国的温室气体的排放量占全球碳排放量的2%,其中有80%的排放量来源于能源系统;二氧化碳的排放量达到15亿吨,其中95%来源于能源系统。在20世纪70年代,英国煤炭生产量占其能源生产总量的84%。在2008年全球金融危机影响下,英国经济呈现负增长,失业率达到了6%。[①]

① 彭博.英国低碳经济发展经济及其对我国的启示[J].经济研究参考,2013(44):70-76.

因此,英国需要减少碳排放量,实现低碳经济发展,从而为世界碳排放量减排行动做出贡献。更重要的是,减少碳排放量有利于英国的经济复苏,缓解自身的环境保护和经济发展所面临能源枯竭的危机。

（2）出台相关政策文件,建立市场机制

2003 年,英国颁布的《能源白皮书》(《未来能源——创建低碳经济》)提出能源发展战略和低碳经济发展目标。随后,在 2007—2011 年先后颁布《气候变化法案》《英国低碳转型计划》和《碳计划:实现低碳未来》等政策,将发展低碳经济上升为国家层面的全局性重大战略。同时,为了保障低碳经济发展目标的实现,政府又出台和颁布了一系列关于可再生能源发展的文件,如《非化石燃料义务》《可再生能源义务法令》《可再生交通燃烧义务法令》等,规范和健全可再生能源领域的法律体系,使低碳发展成为政府各部门和全国上下的统一意志和共同行动。2018 年,英国政府发布了《未来 25 年环境保护计划》,倡导可持续发展,提高资源利用效率,积极应对气候变化,以期保持良好的自然环境。另外,英国是第一个设立气候变化税的国家,其目的是通过气候变化税的征收达到企业转型或减排的目的;英国也是最早建立碳排放交易市场的国家,其目的是通过市场手段来进行绿色市场交易,激发碳交易的灵活性和积极性,达到减排的目标。如表 1-1 所示。

表 1-1　英国低碳经济发展战略或措施

	法令或措施	目　标
政策法令	《能源白皮书》	到 2050 年,碳排放量削减 60%;保持能源供应的稳定性和可靠性;形成国内外竞争性市场,提高可持续经济增长和劳动生产率等
	《气候变化法案》	2050 年实现二氧化碳排放量比 1990 年减少 80%
	《英国低碳转型计划》	2020 年二氧化碳排放量在 1990 年的基础上减少 34%

续表

	法令或措施	目　标
政策法令	《碳计划：实现低碳未来》	在保证能源安全、最大限度降低消费者能源支出的前提下实现低碳发展，到 2050 年在 1990 年的基础上减排 80%
	《低碳经济转换计划》	2008 年为基准年，中期目标到 2020 年减排 18%；到 2020 年建立完善的对碳管理计划
建立市场机制	实施碳预算	在 2008—2012 年期间，碳排放量减少 22%；在 2013—2017 年期间，碳排放量减少 28%；在 2018-2022 年期间，碳排放量减少 34%
	气候变化税	提高能源效率和促进节能投资，征收的气候变化税以三种途径返回给企业
	成立碳基金和绿色投资银行	向企业提供帮扶资金和解决市场作用失灵等问题
	碳排放交易市场	对企业提出强制性的减排任务和自愿减排的奖励

2. 德国：以绿色技术为核心要素的绿色经济

德国，地处中欧，是发达的工业国家，也是欧洲经济体量最大的国家。在自然资源比较贫乏的情况下，其能源开发和环境保护技术处于世界领先地位。在实践绿色经济发展方面，德国出台的政策文件是以绿色技术为核心，发展循环经济和低碳经济。1972 年德国政府颁布了《废弃物处理法》，确立了废弃物处理的"末端治理"原则和方法。[①]随后，对空气污染、水污染和废物处理等进行规定和立法，颁布了一系列法律法规。1994 年，《循环经济与废弃物处理法》颁布，这是世界上第一部循环经济的立法。1997—1998 年，德国颁布和实施了一系列以绿色技术为核心要素的法律政策，如《生态税改革实施法》《能源节约条例》《可再生能源法》和《废旧电池处理法》等等。到 2010

---

① 卢晨阳，常欣.德国绿色经济的发展及原因探析[J].兰州教育学院学报,2019,35(3):99-101.

年 10 月，德国发布了《德国 2020 高技术战略》，该战略将绿色技术上升到了国家战略地位，旨在发挥市场经济的技术要素作用，创新发展绿色经济。如表 1-2 所示。

德国政府还通过立法制定绿色采购。这种通过友好型环境产品的采购，利用市场的调节作用，促使企业进行绿色发展，增强消费者的绿色消费，从而促使政府、企业和消费者三者之间形成良好的利益交互关系，推动绿色经济的发展。如 1978 年，德国建立了"蓝天使环保标志认证"，该环保认证标志是以技术为要素的市场手段在绿色经济发展中的创新，旨在引导企业研发和供应环保产品，让环保标志发挥市场导向作用，希望能够通过技术创新和环保意识培育，减少环境污染。①如表 1-2 所示。

表 1-2　德国循环、低碳经济发展战略或措施

	法令或措施	目　标
政策法令	《废弃物处理法》《大气污染防治法》《水污染防治法》《控制燃烧污染法》《包装废弃物管理条例》等	确立了废弃物处理的"末端治理"原则和方法；制定了严格的排放标准，要求企业在规定时间内更新过滤装置；制定用水量和排污总量税费标准收取排污费；明确要求排放烟气的二氧化碳浓度与硫含量标准等
政策法令	《循环经济与废弃物处理法》《走向可持续发展的德国》《德国可持续发展委员会报告》和《生态税改革实施法》及其他各类废旧物的处理规定等	将绿色经济发展写入宪法，上升为国家战略，在具体实施过程中兼具全面性和具体性
	《全面禁止核能法》	到 2022 年关闭现有的核电站，寻找可再生能源来弥补 30% 的电力

---

① 杨帆，朱沁夫.德国绿色产业发展政策与成效[N].中国社会科学报，2019-02-25(2).

续表

	法令或措施	目 标
政策法令	《可再生能源法》	经过三次修订,到2050年可再生能源发电量占比达到80%,并成为第一个清洁能源的工业化国家
	《德国2020高技术战略》	明确了绿色经济发展的重点领域,促进创新发展
非政府组织	"蓝天使环保标志认证"体系	培育技术创新和环保意识

以上一系列政策的出台,促进了德国绿色环保技术的发展。2018年德国发布的《绿色技术德国制造2018:德国环境技术图集》显示,德国在全球六大绿色技术市场(可持续交通,循环经济,环境友好型能源生产、存储及分配,能源效率,资源、原材料利用效率和可持续性经济)的占比分别是21%、16%、15%、13%、12%和11%。

德国还注重数字化技术的应用,特别是在工业4.0的基础上,融入新能源、信息网络、城市智能交通和电网的运营来推动绿色科技产业的发展。

3. 美国:以能源独立为目标的绿色经济

美国独特的地理位置和气候条件,造就了美国拥有高储备量的煤炭、天然气、石油、铀等能源,其中石油总储量超过亿吨,天然气储量达亿立方米。美国还拥有丰富的水能、风能、太阳能、地热能等可再生能源。[1]1885—1950年,美国的主要能源从煤炭转向了石油和天然气。

2018年,美国的能源需求达到三十年来的新高,其一次能源消费量比2017年的2300.6(单位百万吨油当量)提高了3.5%的增量。[2]另

---

① 乐欢.美国能源政策研究[D].武汉:武汉大学,2014.
② BP世界能源统计年鉴[R].2019-08-05.

外,有报道称2018年美国排放的温室气体总量约占全球温室气体排放量的15%。作为能源消费和温室气体排放大国,美国对倡导低碳经济发展新政的态度,一直是不温不火,其出台的一系列能源政策法案主要基于国家自身的能源安全考量,以新能源的开发和利用为主要手段,以确保能源安全及自给自足。直到奥巴马政府执政时期,美国的低碳经济发展开始在国际上进入领导者行列,它将低碳经济发展与能源安全紧密联系,出台相关的政策法案,对实现能源独立的目标起到了实质性的推动作用。因此,美国的低碳经济与德国既有相似性又存在实质区别:德国注重通过能源技术的创新和使用促进绿色可再生能源的发展;美国是能源的消费大国,拥有健全和完善的能源法规体系,在低碳经济发展时注重清洁能源的开发和应用,如天然气、煤炭和核能的清洁能源等,以实现能源独立的长期目标。如表1-3所示。

表1-3　美国能源独立政策[①]

阶　段	执行政府	政　　策	主要内容或应对措施
萌芽时期	尼克松政府—里根政府(1969—1989年)	20世纪70年代到80年代,通过了24个能源法案	降低能源进口量,防止本国能源价格出现大幅波动
		1973年:《能源独立计划》	拨款100亿美元开发新能源,以期到1980年实现能源自给自足
		1974年:《联邦能源管理法》《能源重组法》	成立联邦能源管理署
		1975年:《能源政策和能源节约法》	强调能源、安全和经济政策之间的紧密关系

---

① 杜宝贵,朱若男.从尼克松到特朗普——美国50年"能源独立"政策的演进路径分析[J].科学与管理,2018,38(1):50-55.

续表

阶 段	执行政府	政 策	主要内容或应对措施
萌芽时期	尼克松政府—里根政府（1969—1989年）	1978年:《国家能源法》《国家节能政策法》《电厂和工业燃料使用法》《公共事业公司管理政策法》《能源税收法》《天然气政策法》等	消除对进口石油的依赖,提高能源效率,大力发展新能源
		1980年:《能源安全法》《可再生资源法》《太阳能和能源节约法》《地热能法》《生物技能和酒精燃料法》等	促进清洁能源的开发和利用
		1981年:里根政府结束对国内油价的控制	国内油价的市场化运用
		1982年:废除《能源政策和节能法》	放松对能源的管制
发展时期	布什政府—小布什政府（1989—2009年）	1997年:《联邦政府为迎接21世纪挑战的能源研发报告》	注重市场调节作用和强调政府的计划指导作用
		2001年:《国家能源政策》	加强国家石油战略储备,大力发展核能,改善能源基础设施等
		2002—2003年:《清洁煤发电计划》《氢燃料计划》	促进企业与政府的合作,加快清洁煤技术发展
		2005年:《2005年能源政策法》	在18个领域进行激励和金融支持
		2007年:《能源独立与安全法》（又《新能源法》）	推广节能能源的使用和发展替代能源
成熟时期	奥巴马政府—特朗普政府（2009年—至今）	2009年:《美国复苏和再投资法》	向可再生能源和先进能源制造、清洁能源、智能电网等方面注入大量资金,并在清洁煤、核能源和家庭建筑能效等方面提供金融信贷支持和税收优惠政策

阶　段	执行政府	政　策	主要内容或应对措施
成熟时期	奥巴马政府—特朗普政府（2009年—至今）	2011年：《能源安全未来蓝图》	美国未来能源的发展方向：开发本土油气能源；推广节能减排；激发创新，加快清洁能源发展
		2017年：《美国优先能源计划》	取消限制政策，发挥能源含量优势

　　从表1–3可以清晰地看到，1969年以来的50年间，美国的能源政策是为国家的能源安全服务。奥巴马总统上台之后，制定了一系列低碳经济发展政策，如2009年出台的《美国复苏和再投资法》中严格实施汽车排放标准；《美国清洁能源与安全法案》中设定了温室气体减排的时间表：到2050年，减少80%以上的温室气体排放量，并引入"总量控制与排放交易"的温室气体排放交易机制。[①]这些政策与美国的能源独立政策相互统一，利用政策激励机制与先进的技术优势，大力促进新能源的开发和利用，在实现能源独立目标的同时，实现低碳经济发展，在全球能源和生态环境保护上重掌话语权和领导权，以领袖的姿态领导世界各国在能源和环境领域开展合作和竞争。

4. 日本：建设低碳社会的绿色经济

　　日本是地处亚欧大陆东部、太平洋西北部的一个岛国，山地和丘陵占总面积的71%，且大多数山为火山。特殊的地理位置和地形使日本形成以温带和亚热带为主的季风气候，雨水量较多。日本的自然资源相对比较贫乏，煤炭、天然气和硫黄等矿产资源的储量极少，其他工业生产所需的大量主要原料和燃料等都需要从海外进口。在此

---

① 杨朝峰，赵志耘. 主要国家低碳经济发展战略[J].全球科技经济瞭望，2013(12):35–43.

背景下,日本的低碳经济发展主要是建设低碳社会,以节能减排和低碳技术创新来推进经济与自然的和谐发展。

作为《京都议定书》的诞生地,日本一直是低碳经济发展的倡导者和引领者。早在1974年,作为发展新能源和可再生能源而制订的国家计划——"阳光计划"从太阳能、地热能、煤炭的气化和液化、氢能源的利用四个领域重点进行开发研究。1993年的新"阳光计划",着重解决清洁能源问题,把新能源、节能和地球环境三个领域的技术开发进行综合性推进。日本的新能源产业发展、太阳能的热利用和光电转换技术均居世界前列。随后,日本颁布了《环境基本法》,明确提出"全球环境保护"理论,要求国家、企事业单位、公共团体和公民履行环境保护的责任和义务。1991—2009年,日本推出一系列应对气候变暖和能源贫乏的法案,并推行碳税,构建低碳社会。2009年5月,日本公布的《2008财年能源白皮书》通过与其他主要国家的新能源发展情况进行对比,提出日本的应对措施是保证国内的能源开发量和促进以太阳能和核能等非化石燃料为主的清洁能源发展。如表1-4所示。

表1-4 日本建设低碳社会政策

	法令或措施	目 标
政策法令	《关于促进利用再生资源的法律》《合理用能及再生资源利用法》《废弃物处理法》《化学物质排出管理促进法》等	在废弃物、化学物质、可再生能源、气候变暖等领域,加大对高新技术的研发与应用,加强节能与新能源开发利用和推广节能减排计划
	《全球气候变暖对策促进法》	防止全球变暖,是世界首部应对气候变化的法律

续表

	法令或措施	目　　标
政策法令	《新国家能源战略》	在2030年前原油总进口量中本国企业权益下的原油交易所占比重增加到40%；到2030年，能耗效率提高30%以上；到2020年，在2005年的基础上温室气体减少15%，到2050年减少60%—80%；2020年70%以上新建住宅安装太阳能电池板，到2030年要提高到目前的40倍
	《21世纪环境立国战略》	综合推进低碳社会、循环型社会和与自然和谐共生的社会建设；最低限度的碳排放；改变生活消费方式；保护生态环境等
	"福田蓝图"、《实现低碳社会行动计划》	低碳技术的创新和制度变革及生活方式的转变；到2050年，温室气体的排放量比现有阶段的减少60%—80%；到2020年，太阳能发电量是现有水平的10倍；2020年前，提高节能环保汽车的普及程度
措施	实施碳税、推行环保积分制度	生产和消费的各个环节征收碳税；利用环保积分兑换各种商品等，推动国家环保政策的执行

通过一系列政策，日本新型低碳能源发展和技术处于世界领先地位，如太阳能发电、节能环保车和低碳交通及环保城市的创建等。

(二)国外绿色经济发展的成效与最新举措[①]

1. 绿色经济发展的成效

（1）清洁能源

根据《2020年全球可再生能源投资趋势》统计，2019年全球新增清洁能源发电容量达184吉瓦（GW），相较2018年新增164吉瓦（GW），

---

① 国际在线 https://www.huanbao-world.com/.

上涨了20吉瓦（1吉瓦相当于一个核反应堆的发电量）；2019年的投资额为2822亿美元，与2018年持平。同时报告指出，2019年与2018年相比，清洁能源成本下降，到2030年，计划新增可再生能源发电量（不含水电）826吉瓦，成本约为1万亿美元。但从新增发电量来说，下一个十年远低于过去十年1200吉瓦的新增发电量，距离实现《巴黎协定》相差甚远。

（2）碳排放

2020年1月，国际货币基金组织（IMF）发布报告称，近几年中国的碳排放量逐年减少。2018年，除美国外，所有七国集团经济体的碳排放量均出现下降。印度和其他新兴市场经济体的碳排放量则在不断增加。但是继2009年全球碳排放量稳步下降几年之后，在2017年增加了1%，在2018年又增加了2%。2019年英国碳排放量为3.54亿吨，较2018年下降2.9%，较1990年下降40%左右，但累计碳排放量仍高居全球第四。与上一个十年相比，2010—2019年期间，煤炭、天然气和石油等行业的碳排放总量分别下降80%、20%和6%，其中，煤炭碳减排量占据全部的60%左右。

（3）生物多样性

2019年年底新型冠状病毒的暴发，使人类认识到保护生物多样性的重要性。生物多样性是人类赖以生存的系统，如果打破这种自然界的微妙平衡，也就为冠状病毒等病原体的传播创造了有利条件。联合国粮农组织（FAO）发布的2020年《全球森林资源评估》报告显示，全球森林面积自1990年以来减少了1.78亿公顷；过去10年，亚洲、大洋洲和欧洲森林面积增加，而非洲和南美的森林净损失率最高；全球保护区内的森林面积自1990年以来增加了1.91亿公顷，保护区内的森林面积占比达到18%，其中南美洲保护区内森林面积比例最高。这已实现到2020年保护至少17%陆地面积的目标。但自2015

年以来,全球毁林仍在持续,平均每年有1000万公顷森林被改作其他土地用途。

（4）水资源

世界资源研究所发布一项报告指出,有17个国家面临水资源极度短缺的情况,这17个国家的人口约占全球人口的1/4,缺水严重程度几乎已达干涸的"归零日",每年农业、工业和城市用水就耗掉8成地表水和地下水。由于气候变化、人口增加、水资源浪费以及农业和工业需求的增加,造成部分发达国家地区水资源的短缺。英国环境机构表示,如果不采取措施阻止需求增长和浪费,英国将在25年内耗尽所有水资源。

虽然全球绿色发展取得了很大成效,但联合国秘书长古特雷斯在马德里举行的气候变化大会上指出,到21世纪末,预计全球温度会上升3—4℃。一方面可再生能源及清洁型能源的发展、碳排放量与生态资源保护等各方面与既定目标还相距甚远;另一方面,在水处理、土壤处理、固废处理等领域的环境治理过程中,污染的交叉会增加环境治理的难度,如"水中PM2.5"的塑料微粒（直径小于5毫米的碎片都被称为塑料微粒）,它们通过不同途径进入水体,包括大气沉降、土壤径流污染或城市污水。面对全球环境问题,减少碳排放量、改善环境任重道远。

2. 世界各国（地区）绿色发展的最新举措

欧盟实行了以下举措:实施碳中和计划、推行碳关税及能源税改、禁用微塑料污染物、恢复生物多样性保护。2019年12月,欧盟出台《欧洲绿色政纲》,旨在2050年全欧实现碳中和,且"一个人都不能少"。碳中和的目标是在2050年实现温室气体净排放量达到零;在2030年温室气体排放减少50%—55%,以取代当前的减少40%的目标。为实现经济与自然合而为一的目标,为欧洲人民服务,欧洲需要制定新的成长战略,以取代以化石燃料和污染为基础的传统成长模式,发展气候友善型产业和干净技术,实现目标的举措是通过循环经济(钢铁、水泥、和纺织品等碳密集型产业启用氢气的"干净炼钢"和电池等重复使用和回收)、建筑装修(建筑物的翻新率提升两到三倍)、零污染(空气、水和土壤的无污染环境和无毒环境)、绿色健康的农业、新能源汽车和可持续替代燃料和绿色财政支持(1000亿欧元的"公正转型机制"资金)。在推行碳关税及能源税税改方面,建立碳排放边境边界调整机制和能源税税改机制,将海事、航空、交通和建筑工业纳入对工业征税的碳排放交易体系,并实行绿色转型融资。欧盟对化妆品、洗涤剂、油漆、抛光剂和涂料,乃至建筑、农业和化石燃料业等产品,在产品的设计上进行再检查,非必要不得添加微塑料纤维和碎片。在恢复生物多样性保护方面,欧盟通过法律手段将其30%的陆地和海洋区域保护并连接起来,建立一个"跨欧洲自然网络",并且制定了30亿棵树的植树目标;规定到2030年将化学农药的使用和风险降低50%,高危害性农药的威胁降低50%,并要求25%的农业用地采用有机耕作技术;利用有约束力的目标体系迫使各国保护海草草甸、湿地、泥炭地、泥沼和沼泽,以及半天然草地、原生林和原始森林,修复退化的生态系统。

英国减少碳排放的目标是在2050年实现净零排放。制订可再生能源发展计划,扩大陆上风电及光伏装机量;改革清洁能源合同制度,以更好地推动风电及储能项目的建设;在供热、交通以及能效等方面实现减排;发展智慧能源系统,实现经济、清洁的能源供给。进行低碳交通的设计和生产,2040年前实现所有新产汽车净零排放,建设世界第一个净零排放产业集群;大幅提高建筑能效,2030年前实现新建建筑能耗减半;2030年前建立至少一个低碳产业群;2025年前关闭所有煤电设施;推行碳定价机制,促进能源税税改,还可以带动消费者行为改变、洁净能源投资与创新。此外,建立支持低碳经济的绿色金融标准并推广至全球。

德国温室气体减排目标是到2030年时实现温室气体排放总量较1990年减少55%。德国对建筑业和交通业的碳排放纳入国家排放交易系统。该系统于2021年启动,通过碳排放的定价协议获得的收入补贴用电和公众出行等。确定碳定价协议,先是从2021—2024年的每吨10欧元提高到2025年的每吨35欧元,然后从2026年开始实行市场机制,按市场的供需进行拍卖确定,价格区间为每吨35—60欧元。实行经济复苏计划(2020—2021年),总价值为1300亿欧元,主要用于气候技术的投资,涉及领域为电动交通、氢能、铁路交通和建筑等,旨在"气候转型"和"数字化转型"。实行绿色氢能源的国家计划,到2030年建成总装机5吉瓦的可再生能源电厂,可供生产140亿千瓦时的氢能源,到2040年达到10吉瓦,并促进氢能源技术进行立法。

法国从2020年1月1日起,为改善环境质量,促进生态经济转型,推行环境保护领域13项最新举措:减少塑料污染、推动清洁能源发展、绿色交通和出行、保护空气质量以及生物多样性等。在减少塑料污染方面,实行"反废物计划",逐步禁止使用所有一次性塑料废物,并且禁止销售一次性棉棒、杯子、盘子及瓶装塑料。到2021年,禁售塑料杯装饮用水、吸管、搅拌棒及餐盒。在2040年前将一次性塑料物品的使用率降至零。在绿色出行方面,支持民众购买新型电动汽车和氢动力汽车。对生产和消费清洁能源汽车,均给予奖励。另外调整对汽车尾气排放量和污染程度的罚款规定,将CO_2排放量门槛从原来的每千米117克降为110克,罚款上限从1.05万欧元上涨为2万欧元,不同级别的罚款额度上涨1—3倍。在生物多样性保护方面,新成立生物多样性办公室,综合原来的生物多样性局和国家野生动物管理局的职能,在调查、发现和惩罚破坏生物多样性行为等方面进行环境监督和执法。在居民饮食方面,禁止在食物中添加二氧化钛。

日本强调技术的自给率,实现到2050年温室气体的减排达到80%,实现"脱碳化"。日本延续低碳社会的建设,维持化石燃料的火力发电厂发电,通过技术研发以减少碳排放;持续推进"循环型社会"发展计划,重要大宗金属的回收利用率目标接近100%,并且到2035年固废填埋率降低到3%;继续核电发展,要求在核安全的情况下重启核电建设,到2030年实现"脱碳"的电力占比达到44%,并减少对其依赖性;发展节能和氢能计划,建设"氢能社会",积极推进氢能电池和汽车的发展,并推动人工智能、大数据和物联网等技术融入建筑、家用电器、交通和工业等领域实现节能减排目标。

世界各国在绿色经济发展取得斐然成绩的同时,将会更加积极地面对气候问题,齐心协力、大力发展环保产业,通过"前端减排"和"末端治理"的方式,为减少碳排放和生态环境污染做出应有的贡献。然而"不管在哪个国家推动循环经济,最难的是政治问题,政治比科学更加困难"。因为,技术问题是可以找到解决方法的,互联网推动的变革也正在快速改变世界,但是"错误的政治行动正在阻碍我们的改革"。

三、我国绿色经济发展的路径和成效

我国绿色经济发展起步比较晚,通过借鉴国外的绿色经济发展经验,并结合我国的国情和经济发展实际情况,走出了一条具有中国特色的绿色发展道路。在发展绿色经济的过程中,我国在政治内容上不断创新:"五位一体"的发展理念与"绿水青山就是金山银山"理念延续国际的绿色发展理念,将生态保护上升到国家发展战略并进行实践,创新丰富了绿色经济发展的内容和体系,画出了人类命运共同体的中国绿色发展蓝图,成为绿色经济发展的引领者。

(一)绿色经济发展的政策路径

从20世纪60年代起,随着工业经济的发展,我国生态环境问题日益凸显,对人民的生活和健康以及生产建设的进一步发展产生了负面影响。在此背景下,1973年8月,国务院召开了第一次环境保护会议,制定了《关于保护和改善环境的若干规定(试行草案)》;1974年成立国务院环境保护领导小组;1978年3月5日通过的《中华人民共和国宪法》明确规定"国家保护环境和自然资源,防治污染和其他公害",确认环境保护是国家职能之一;1979年,中国第一部关于保护环境和自然资源、防治污染和其他公害的综合性法律《中华人民共和国环境保护法(试行)》颁布,该法对环境保护做了明确的规定,提出了具体要求。随后国家出台了一系列政策文件、法规及各种有关环境保护的国家标准,从低碳经济、循环经济和生态经济发展等方面推进绿色经济发展和进程。如表1-5所示。

表1-5　我国绿色发展路径

发展阶段	时　期	主要措施	方　针	政策特点
第一阶段(起步萌芽时期)	20世纪70年代	1972年第一次参加联合国人类环境会议后,将环境保护确立为基本国策	全面规划,合理布局,综合利用,化害为利;依靠群众,大家动手,保护环境,造福人民	命令控制
第二阶段(成长时期)	20世纪80年代(框架建立阶段)	将资源节约和环境保护纳入国民经济和社会发展计划;加速自然资源环境领域立法;建立生态环境监测体系	以"预防为主、防治结合""谁污染、谁治理"实现经济效益、环境效益相统一	

续表

发展阶段	时 期	主要措施	方 针	政策特点
第二阶段（成长时期）	20世纪90年代（框架完善阶段）	推进立法与修订并行,加快生态环境监测体系建设,完善资源环境政策体系;开展市场交易机制:资源税、矿产资源补偿费、探矿权采矿权转让等制度得以实施,水排污权、大气排污权交易试点和问责追责机制	可持续发展战略	命令控制为主;探索市场交易（排污收费、环保产业减税）机制;推行排污许可制度试点
	2003—2012年（提升发展阶段）	资源环境立法修订22部;节能减排开始成为约束性指标;推行污染物排放总量控制制度、耕地保有量控制制度;实行绿色税费政策、绿色财政政策和绿色信贷政策等绿色财政政策;继续完善环境监测体系	坚持科学发展观,发展循环经济	命令控制为主;多种绿色财政工具协调发展
第三阶段（成熟时期）	2013年—至今（创新突破阶段）	继续推进政策法规的立法与修订;不断丰富市场机制的绿色政策:排污交易、碳排放交易、发电权交易,环境污染第三方法理等;完善环境监测体系和问责机制	"绿水青山就是金山银山"理论与生态文明建设的国家战略,将"谁污染,谁治理"转向"谁污染,谁付费"	命令控制为主,市场机制的绿色财政工具更加丰富

从表1-5可以看出,我国早年的绿色发展政策,主要是遵行"先发展、后治理"的末端污染治理原则,而随着2011年"绿水青山就是金山银山"的提出,绿色发展政策更加注重生态环境的改善与激发生态环境的经济功能。

(二)绿色发展的新思维

1. "五位一体"的科学发展观

2012年党的十八大报告对推进中国特色社会主义事业做出"五位一体"总体布局,从经济建设、政治建设、文化建设、社会建设、生态文明建设五个层面着眼于全面建成小康社会、实现社会主义现代化和中华民族伟大复兴。从科学的角度来辩证"五位"关系,从而统一"一体"发展:"经济"是根本,"政治"是保障,"文化"是灵魂,"社会"是条件,"生态文明"是基础。可以看出,在"五位一体"布局中,生态文明建设贯穿经济、政治、文化和社会建设的各个方面和全过程,是绿色发展的新抓手,具有突出的政治地位和经济功能。它关乎人民福祉和民族未来,既是中国特色社会主义事业现代化建设理论体系的完善和创新,更是我国绿色发展的政治高度和理论创新,并以此为指引探索、实践,建设"美丽中国"的同时积极参与全球环境治理,成为全球生态文明建设的重要参与者、贡献者和引领者。

2. "绿水青山就是金山银山"理念的辩证统一观

2005年8月,习近平在浙江余村考察时首次提出"绿水青山就是金山银山",这一理念将经济发展与自然的和谐置于同一个生态系统和发展空间中,科学地解释了生态保护与经济发展的辩证关系。时隔8年,习近平主席在2013年8月回答哈萨克斯坦纳扎尔巴耶夫大学学生的提问时,指出"我们既要绿水青山,也要金山银山……绿水青山就是金山银山",这是将自然资源的自然财富与经济财富相统一。良好的生态环境能够给予人类的是源源不断的物质和精神财富,实现经济社会的可持续发展。在实践过程中,人们逐渐认识到经济增长与生态环境保护同等重要,因为人类社会的生产、存在和发展依赖于自然界,在利用和改造自然的实践过程中,其生产活动方式必须符合自然规划。只有这样，自然环境才能承受人口等要素的有序流动，有效促进人力资本积累和扩大本地市场的规模。[①]如新农村建设、精准扶贫、特色小镇、生态旅游、绿色工业等产业的发展，创新了绿色发展的理论思想，走出了绿色发展的新高度。"绿水青山就是金山银山"理念不仅是中国生态文明建设的重大理论创新，更为美丽世界的建设起到了推动作用。

世界各国的绿色经济发展均旨在实现人与自然的和谐共生，在发展经济的时候不再以破坏自然生态环境为代价，而是将生态建设作为经济发展的底色，发挥自然生态的生产力和环境要素，实现经济的可持续发展。我国的绿色发展在不断地创新和实践，尤其是"五位一体"发展观和"绿水青山就是金山银山"理念的实践，打造出美丽中国的生态建设样本，为美丽世界的实现提供了中国智慧和中国方案，更将惠及世界人民。

3. 我国绿色经济发展的成效

对比我国的《第二次全国污染源普查公报》（时间节点为2017年12月31日）和《第一次全国污染源普查公报》（时间节点为2007年12月31日）情况，二氧化硫、化学需氧量和氮氧化物等污染物排放量同比分别下降了72%、46%和34%，普查的结果显示污染防治取得了阶段性巨大成效，产业的转型升级促进产能提高且减排大幅下降，污染治理能力也显著提高。特别是近两年，随着生态文明建设和美丽中国的推进，生态文明建设的成效更为亮眼。

（1）污染防治攻坚战扎实推进，全国环境质量持续改善

2020年1月20日至5月30日，全国337个地级以上城市空气优良天数比例为87.3%，同比增长5%。全国空气污染物PM2.5平均浓

---

① 张车伟,邓促良.探索"两山理念"推动经济转型升级的产业路径——关于我国"生态+大健康"产业地思考[J].东岳论丛,2019(6):34-41.

度为 35μg/m³，同比下降 14.6%；Ⅰ—Ⅲ类水质比例同比上升 8.2%，Ⅳ、Ⅴ类水质比例下降 5.5%，劣Ⅴ类水质比例下降 2.7%；截至 2020 年5 月 30 日，全国医疗废物处置能力为 6179.4 吨/天，自 1 月 20 日以来，全国累计处置医疗废物 42.2 万吨。我国成为世界上治理大气污染速度最快的国家，并且在应对气候变化方面已经走在了世界前列。

（2）节能减排持续推进，清洁能源的消费比重上升

2019 年，我国能源消费总量 48.6 亿吨，同比增长 3.3%。其中，煤炭、原油、天然气和电力的消费量分别增长 1.0%、6.8%、8.6% 和 4.5%。煤炭消费量占比 57.7%，同比下降 1.5%；天然气、水电、核电、风电等清洁能源消费总量占比 23.4%，同比上升 1.3%。重点耗能工业企业单位能耗均呈现下降态势，如电石、合成氨、吨钢和电解铝综合能耗分别下降 2.1%、2.4%、1.3% 和 2.2%，每千瓦时火力发电标准煤耗下降0.3%。新能源发电装机容量增长较快。2019 年发电装机容量 201066万千瓦，其中，火电 119055 万千瓦、水电 35640 万千瓦、核电 4874 万千瓦、风电 21005 万千瓦、太阳能 20468 万千瓦，与上年末相比，装机总容量增长 5.8%，其中，火电、水电、核电、风电和太阳能分别增长4.1%、1.1%、9.1%、14.0% 和 17.4%。这一组组数字的背后，是我国连续 7 年可再生能源投资位于世界第一；风能和太阳能发电装机容量位于世界第一；电动车市场规模比美国和欧洲的总和还要多；三峡大坝的发电量等于奥地利多瑙河上发电站的总发电量的 6.5 倍；腾格里沙漠光伏集成区有着全世界最大的太阳能光伏电厂；"西电东送"工程输送 120 亿瓦的风力发电量到东部地区。

（3）对外合作的生态保护修复项目赢得世界赞誉[1]

斯里兰卡科伦坡集装箱码头开展"油改电"改造，使该码头成为斯

---

[1] 习近平的"两山论"让世界读懂"美丽中国"[EB/OL].新华网,2020-06-05.

里兰卡第一家,也是南亚地区规模最大的绿色码头;巴厘岛燃煤电厂采用先进的环保技术防控污染;中国的菌草技术、非洲的"绿色长城"、中亚国家的"点荒变绿"等让世界多国筑起绿色长城。2013年,联合国环境规划署理事会会议通过了推广中国生态文明理念的决定草案;2016年,联合国发布《绿水青山就是金山银山:中国生态文明战略与行动》报告,推广中国经验。

无论是空气质量的改善、可再生能源的发展,还是参与世界绿色发展,无不展现出我国生态文明建设取得的巨大成效,彰显我国生态文明建设的引领者风范。

四、绿色经济发展背景下的环保产业

随着全球环境问题的日益突出,生物技术、人工智能、大数据、物联网等信息技术的快速发展,未来最被看好的三大技术是环保产业技术、生物技术和信息技术。在发达国家,环保产业的产值高于医药和计算机产业,低于信息产业。据统计,美国、日本和西欧环保产业的产值已占全球的87%。产值总和已达865亿美元的全球最大的50家环保企业,占据了20%的全球市场份额,其中美国的WMX Technologies环保公司产值达103亿美元。①

(一)环保产业的定义

环保产业是随着绿色经济发展而新兴的一种产业,它主要是利用环境科学的理论和方法,创新技术和革新生产、生活、消费的方式等来协调人类与环境的关系,解决生产活动当中产生的各种问题,保护和改善环境的业态。百度给出的环保产业的定义是:在国民经济结构

---

① 王东歌.燃煤电厂湿式电除尘器研究与工程实践[D].南京:南京信息工程大学,2016.

中,主要以防治环境污染、改善生态环境、保护自然资源为目的而进行的技术产品开发、商业流通、资源利用、信息服务、工程承包等活动的总称。从国际学术性来看,环保产业可以与环境相关的产业画等号。经济合作与发展组织(OECD)对环保产业的定义有狭义和广义之分:狭义的环保产业是指专业领域内的末端治理,在污染的防治、清理和废物处理等方面提供设备与服务的企业;广义的环保产业是在狭义基础上进行的外延活动,包括环保技术和清洁能源等绿色技术和产品。[①]

环保产业的定义,在世界不同的国家有着不同的界定,如美国称之为环境产业,日本称之为生态产业并将其划分为六个部门,而德国的环保产业则指以保护环境为目的的设备生产厂家,以及提供相关商业服务的厂家,如废弃物管理、土壤修复、循环利用和生态环境保护等都是环保产业的组成部分。在我国,随着绿色发展的创新与实践,特别是数字经济的发展、"互联网+"与环保产业的融合,使环保产业的内涵和边界不断延伸,形成"绿色产业"。

(二)环保产业的分类

环保产业涉及领域广泛,因为它是"跨界王"——跨专业、跨地域、跨领域。在不同的领域、地域,它通过运用自身的专业性与其他产业或经济部门产生交叉和融合,被认为是继工业、农业、服务和知识产业后的第五产业。在产业的划分上,主要分为三个部分:一是环保设备(产品)生产与经营;二是资源综合利用;三是环境服务。而在专业领域上细分为:水、气、土污染治理设备,固体废弃物处理处置设备,噪声控制设备,放射性与电磁波污染防护设备,环保监测分析仪器,监管设备,环保药剂,环保材料和各种废弃物的回收利用,以及为环

---

① 徐嵩龄.世界环保产业发展透视:兼谈对中国的政策思考[J].管理世界,1997(4):177-187.

境保护提供技术、管理与工程设计和施工等各种服务。1996 年，OECD 的"科学、技术与工业理事会"工业部秘书处将环保产业分为环保设备和环保服务两个大类，其中环保设备包括水、大气、固废、噪声处理、监测、科研实验及自然保护和基础设施建设等 7 个板块；环保服务则是为以上 7 个板块的操作提供分析、监测、评价与保护等各方面的服务，涵盖技术与服务、环境研究与开发、教育与培训等。环保服务细分为 8 个领域：水污染物处理、废弃物管理与再循环、大气污染控制、消除噪声、事故处置/消理活动、环境评价与监测、环境服务、能源与城市环境舒适性。

(三)环保产业的特征

由于产业发展所处的经济发展环境，如资源禀赋、原有经济基础、历史文化、政治环境的不同，产业结构、产业体系等会进行不断的调整和优化，以使产业发展更加合理化、科学化、高度化和现代化。环保产业发展对经济发展环境的依赖性更为突出，这与驱动环保产业自身的特点和发展的机制有关。

1. 环保产业具有较强的政策主导性

环保产业与其他产业具有不同的经济地位，它是治理国家环境问题的重要手段、经济可持续发展的推动力和生态建设的主要抓手。随着环境问题的日益突出，国家的绿色发展战略将加速传统环保产业转型升级和新兴绿色产业的孵化，使环保产业以"源头治理"的前端减排和末端处理的双向模式，从单纯的环保产业升级到环境产业，再到现在的绿色产业。这种产业的外延，能实现资源高效利用，推动清洁能源和绿色产品的消费。

2. 环保产业具有较强的外向延伸性

环保产业的发展随着社会经济的高度发展和技术的创新呈现出

高度的外延性。当经济处于中低端发展阶段时,技术的有限性使环保产业集中在工业的环境污染处理,即环保设备的生产上;当经济处于高质量发展阶段时,技术的创新与社会生产生活方式的变革,将环保产业拓展到除工业以外的二、三产业上,形成生态农业、智慧服务业和循环工业的可持续发展,它在将生态环境价值转换成经济收益的同时,增加人民的幸福指数。

3. 环保产业具有较强的经济补偿功能

在一个国家或地区,环保产业的发展需要财政资金的支持,势必会因治理环境问题或减少社会经济活动对环境生态的影响造成经济损失,即国民收入的重新分配或财富的转移,以补偿因环境生态资源被破坏而损失的经济。但是随着它的规模不断扩大,吸纳的就业人数越来越多,先进的环保技术和方法不仅仅用于本国或本地区的环保需求,并且出口到他国或其他地区,为本国或本地区创造财富,成为经济增长的新动能。当前越来越多的国家将"出口导向"作为发展环保产业的重要战略,特别是发达国家,发展环保产业的贸易顺差,推动国民经济的发展。

4. 环保产业的周期性

任何产业发展都具有自然的生命周期——形成期、成长期、成熟期和衰退期四个阶段,反映的是产业从无到有、从小到大、从弱到强的过程,其形态呈现 S 曲线。当发展到 S 曲线的顶点时,也就是成熟期走向衰退期,产业会演化成以下几种形态:自然生长型、替代型、周期扩展型、周期重复型、稳定型。[①]

环保产业的发展符合产业生命周期理论,在绿色经济发展的大环境下,其发展的生命周期趋向于周期扩展型,这是由环保产业的特点

---

① 向吉英.产业成长及其阶段特征——基于"S"型曲线的分析[J].学术论坛,2007(5):83-87.

和发展驱动力所决定的。与一般产业的自然生命周期性不同,环保产业在一个生命周期里,会因为其自身的发展和环境质量的改善引起政策驱动调整,促使产业根据市场需求重新布局,因此产业的重心会发生变化,形成另一个新的生命周期,从而进入新周期的发展。同理,环保产业的细分领域子行业具有周期扩展型的生命周期。因为环保产业的细分领域比较多,当一个细分领域的一个子行业从成熟走向衰退的时候,另一个子行业会因为新的环境治理需求而产生并形成供给,这样会形成一个均衡维持整个环保行业的持续发展。但是,在整个区域的环境总量达到饱和的时候,环保产业将会走向衰退,而这种衰退又会因为国际贸易带动环保设备和技术的出口,向外扩展形成新的周期,有研究人员称此为"后成熟期"。如图1-1所示。

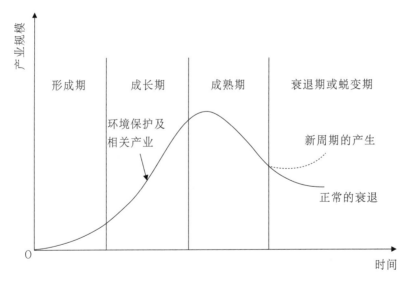

图1-1 环保产业的生命周期模型①

---

① 产业生命周期 http://chinaidr.com/tradenews/2016-11/107042.html.

5. 发达国家环保产业发展的经验

发达国家的环保产业都具有高水平的环保技术,特别是在环保产业处于世界领先地位的欧洲,如德国的水污染处理技术在世界上遥遥领先,其垃圾分类回收、废料处理及运用垃圾发电等方面使垃圾的回收利用率达到最大值;瑞士的垃圾清洁技术和零能耗房屋、三层复合材料的饮料瓶等创新,巩固了瑞士环保产业的世界地位。美国的脱硫、脱氮技术,日本的除尘、垃圾处理技术也是雄霸一方。韩国的环保产业主要是水处理、空气污染控制、废弃物管理等领域。在国外市场竞争力上,美国和欧洲国家主要是在无氟制冷技术方面;日本和欧洲国家主要是在资源回收利用上;韩国的主要市场是中国、东南亚及中东等国家。

(1)固废处理①

随着大数据、云计算、互联网、人工智能等新技术的运用,美国、欧盟和日本等发达国家和地区对固废资源进行循环利用,建立起全过程的精细化管理体系,提高了固废资源的利用和回收率。

固废处理新技术。发达国家在固废领域融入人工智能、物联网及大数据技术,研究开发出以信息技术为基础的智能平台,如园区固体废物回收和产业共生决策算法及平台、手机回收拆解智能机器人、固废风险评估模型与基础数据库等,提高了固废的回收率。另外,运用无线射频识别技术,在固废的统计、运输和监管过程中进行精准管控,提高了固废资源化产品的附加值。

废纸资源化利用。废纸的回收利用新技术,是将废纸转化为制造家具和建筑等的新材料以及化工材料,如美、德、日等发达国家在废报纸中提取出纤维等混合材料,这些材料适合用于生产中密度纤维

---

① 德国、日本等国家将RFID技术融入固废处理领域[EB/OL].https://www.huanbao-world.com/foreign/131794.html,2019-10-21.

板；德国将废纸用于刨花板生产的原料或板材芯层；美国将废纸研磨成粉用于生产树脂材料；瑞士研发出一种新型的保湿绝缘材料，可用于制作木结构及木屋配件等材料；芬兰研发出一项综合利用技术，将废纸或纺织物用于黏胶型再生纤维；新加坡将废纸用于生产绿色纤维素气凝胶；日本则用于生产乳酸；等等。

废塑料资源化利用。其技术主要分为识别分选技术和处理利用技术两大类：识别分选技术主要有水力旋风分选、气浮分选、泡沫浮选、二元混合塑料的静电分离技术、光谱技术的废塑料分选方法等；处理利用技术主要有离子气化法、复合容积增容法、高温热解法、流化催化裂化法等技术和反向逆流技术及废塑料的能源转化技术等。

废金属资源化利用。其技术已不仅是单纯的传感器技术，而且融入了图像处理、神经网络、激光诱导击穿光谱（LIBS）技术，如一种结合双能X射线、机器视觉与感应传感器的废金属分选系统，电子废弃物中含金属废片和连接器的湿处理等。

（2）净气技术[①]

在大气污染中，工业废气是主要来源。由于工业生产工艺的不同，其产生的污染物种类不同，所采取的处理工艺也应该不同。工业废气从形态上一般分为两种：颗粒性废气和气态性废气。

颗粒性废气的治理。此类废气主要来源于五金业、压铸业、铸造业等熔炉设备或厨房不完全燃烧或大分子油烟气体。其危害是对大气造成污染，并易形成酸雨，污染水流、土壤和腐蚀建筑物。这类废气的治理技术主要有旋流水洗喷淋法+碱液吸收法、过滤吸附式油烟净化、静电式油烟净化、低温等离子体法和旋流板水洗喷淋法等。

气态性废气的治理。有机废气主要来源于一些化学行业，石化、

① 四类工业废气治理方法：有机、酸雾、熔炉、油烟等废气［EB/OL］.https://www.huanbao-world.com/a/tltuoxiao/111772.html，2019-09-10.

有机合成反应设备排气和印刷行业印墨中有机溶剂、机械汽车行业喷漆、五金制品等产生的排气等。这些废气会对大气造成二次污染，引起臭氧层空洞和温室效应等。其治理方法有水膜除尘+活性炭吸附法、干式过滤除尘+活性炭吸附法和活性炭吸附+催化燃烧法三种。酸雾废气主要来源于化工、电子、冶金、电镀、纺织（化纤）、食品、机械制造等行业过程中排放的酸、碱性废气。其危害是造成人体、农作物和土壤的直接损害及经济的间接损失。治理这类废气主要运用水膜填料塔+碱（酸）液吸收法。

（3）水污染处理

常见的水污染主要源于工业废水、城镇生活污水。各国在水处理上有着不同的治理重点。英国注重科学规划，将境内水污染分为农业生产和城镇生活两个大类，从农民的水体保护意识、保护责任和改变生产模式三个方面入手治理农业生产水污染。针对城镇生活水污染，重点划片，实行片区的政府、社区及企业共同管理，并加强监管体系。韩国则实行总量管理与分类防治相结合，将污染划分为点污染和非点污染。其中生活污水、工业废水、畜牧业废水是点污染，而因道路、土壤等污染物造成地表水和地下水污染的，为非点污染。以各辖区政府制定的目标水质，推算出实现和维持目标水质的最大污染物容量，这种控制管理方法具有针对性和灵活性，是行之有效的治理方法。德国水处理体系比较完善，技术领先，既有《水平衡管理法》和《废水征费法》等法规保障，又有高规格的环境质量标准和先进技术标准，其通过最大化利用污水中有机物质的新技术将污水处理厂从化石能源消费者转变为可再生能源的净生产者。日本的水处理主要依靠严厉的问责制度，先后出台《控制工业排水法》等多部法律，将水资源的安全与行政长官的责任合而为一，在对水资源的安全进行监控时需要承担主要责任和法律责任。法国与日本一样，也是依靠法律手段确保水资源的安全,并且运用经济治理杠杆来罚"污"补"用",促进污水处理和资源再利用的企业发展。瑞士则是利用技术净化污水,建设污水净化工程和恢复自然水资源的修复功能。

(4)土壤修复

有研究称,欧洲平均每年花费在土壤修复上的费用约65亿欧元,而土壤污染的地点可能超250万个。因此土壤污染所带来的一系列自然、经济问题,并且修复成本如此高昂,引起了世界各国的高度关注。

美国在土壤治理上采用分级、分权的管理制度,由联邦政府、州政府和社会及非政府组织共同完成。颁布超级基金法,建立突发的公共危害事故的反应机制,并且建立危险物质信托基金和危险废物处置设施关闭后责任信托基金和奖惩制度。赋予土壤修复优先权等。荷兰的土壤修复主要依靠政策及土壤修复的目标值和干预值。目标值和干预值是两条红线,将处于目标值或以上的土壤理解为"健康"状态土壤,具备可持续发展条件;处于两者之间,称为"亚健康"状态土地,其土壤某些功能受到损伤,但尚未对生物安全造成威胁;而处于干预值的土壤,则为"生病"土地,需要接受强制干预。日本具有完善的土壤修复防治体系,并赋予行政机关人员对土壤污染的检测权力和制定配套的管理细则或操作流程。英国则将污染场地风险评价技术作为土壤修复的利器,根据浸染物的毒理学、状况和特性等建立指导性标准,有效地进行土壤污染风险评价和修复工作。

目前土壤修复技术主要有热力学修复、焚烧法、化学淋洗法、堆肥法、植物修复等多种修复技术,针对不同的土壤污染性质运用不同的修复技术。美国将64种原位和异位土壤/地下水修复技术分成14大类。土壤有机污染生化修复技术有化学修复、生物修复和热解吸修复等,而加拿大研发的Biologix微生物降解菌剂产品和美国的

Provectus Environmental Products 环保科技公司、Remington Technologies 公司研发出的生物治理与原位化学氧化组合技术和化学氧化颗粒活性炭土壤修复剂,是全球先进的土壤生化修复技术,针对石油烃类污染场地具有高效、持续的修复效果。荷兰针对重金属污染土壤运用洗涤修复、稳定化修复技术;针对有机污染物运用气体提取、蒸汽加热提取、电加热提取、生物降解、原位化学氧化、原位化学还原等土壤修复技术;针对受到重金属污染的砂性土壤或沉积物,运用土壤洗涤修复技术,这种技术是先按照污染介质颗粒大小进行水洗筛分,然后将吸附有大量重金属的细小颗粒物进行浓缩、分离,达到土壤的修复功能。在 20 世纪 40 年代,针对矿山的修复[①],英、美等发达国家主要是采用传统复绿术:将开采后的矿区土地恢复平整,种植绿色植被,让修复地恢复成农田、草地或森林。而到了 50 年代,传统的复绿技术过于简单,不能修复较高的山体或雨水冲刷、侵蚀的土壤,被新的复绿技术——矿山喷播术所取代。如美国的液压喷播术、英国的植物种子喷播术和喷射乳化沥青技术、日本的喷射技术。在 60 年代以后,矿山修复技术又有了新突破,研制出边坡绿化技术。如今,数字产业化让矿山修复进入了 4.0 时代,美国、澳大利亚等发达国家利用 3S 技术进行矿山修复,推动了数字化修复技术的发展。

6. 发达国家环保产业发展的启示

发达国家从宏观政策、中观治理和微观技术三个层面推动环保产业的发展,特别是政策法规的有力保障和技术的创新使环保产业的发展在国民经济中占有非常高的地位。在未来,随着互联网、云计算、大数据和人工智能等快速发展,数据要素将推动环保产业进入新的生命周期,带来新的子行业发展。但是,与此同时,也会产生新的

---

① 数字化修复矿山,越来越被重视![EB/OL].https://www.huanbao-world.com/a/turangxiufu/2019/1008/122472.html,2019-10-08.

问题或技术难题。因此,未来的环保产业发展需要做到以下几点:

首先,环保产业的发展最大的驱动来自政策导向。就政府而言,应加大力度促进环保产业的发展,完善政策法规体系、风险评估体系和健全管理机制、问责机制等;促进产业多样化发展,培育具有抵御突发的公共卫生安全事件能力的产业和培养气候风险模拟与评估经济冲击的能力,以抵抗突发的公共事件对经济造成的影响;探索更多的绿色金融工具,拓宽融资渠道,通过市场手段和数字生态系统吸引国内外资本,促进低碳转型或生态项目的投资;制定更为合理的碳税机制和补贴体制,培育新兴产业的低碳发展,以应对未来气候变化带来的危害;加强、加深可持续的国际合作,促进国际贸易良性发展,在良性的全球竞争环境下增强环保产业管理和技术的创新能力。

其次,环保产业发展的实施主体是企业。就企业而言,需要转变发展理念,与时俱进,实现转型升级,低碳发展,在行业内外寻求共生发展,切实做到源头上控污、末端治污;全面系统性、跨循环地审视产业的发展趋势,从数字化革新等各个方面增加产业韧性,以拓展单个产业的生命周期。

最后,环保产业发展的受益者是个人。就个人而言,需要提高应对气候危机的意识,增强环境保护的意识,以深化环保行动所需的深度与长度,自觉参与环保监督,减少对于自然资源的耗用和对生态环境的破坏,迈向可持续发展。

五、我国环保产业发展分析

(一)我国环保产业发展的价值诉求

1. 绿色经济发展的内在要求

(1)政治经济发展的诉求

经济基础决定上层建筑,上层建筑又影响经济基础。在传统的经济发展模式中,经济、社会和自然环境处于相对独立的发展空间,而发展的后果就是人类自身的生存环境和自然环境遭到极大程度的破坏,这种破坏反过来限制了经济的持续发展。因此,在这种经济模式下,高 GDP 与人民过更好的生活之间存在着冲突。绿色经济不同于传统经济发展模式,主要使将社会、经济和自然三位一体化发展,解决人类社会的进步、经济的发展和自然的有限资源之间的冲突。它是以自然生态的发展规律为根本,通过政府主导和市场作用,在生产、流通、分配和消费各个环节促进既不损害环境,又不损害人的健康,且确保每个人都能公平地享有共享绿色经济发展的机会,[①]让资源价值达到最大化,实现社会经济的发展与自然生态的保护和谐统一,并满足人类的需求,这也是各国应对经济低迷和气候变化的最理想选择。

（2）自然环境价值的体现

在传统的经济发展模式中,经济的发展所依据核算的成本往往是实际成本（会计）,而忽略了机会成本。因此,社会经济的发展与环境的保护是割裂开来的。但是从机会成本的角度来看,绿色经济倡导的是绿色生产、绿色流通和绿色消费的原则,坚持开放和谐统一发展,将对自然环境的破坏控制在最小范围内。继续传统经济发展模式,损失的是自然生态系统的循环利用和再生,以及经济发展的可持续性,即后代人的利益。所以发展绿色经济,将自然环境代价与生产收益一并作为产业经济核算的依据,体现出经济发展过程中自然环境的价值。而这种价值又影响当代人和后代人的代际利益平衡和当代人之间的区域利益平衡,因为人类是一个命运共同体,同住"地球村"。

（3）经济发展创新的动力源

随着人工智能、大数据、云计算和 5G 等技术进入各行各业融合发

---

① 陈健,龚晓莺.绿色经济:内涵、特征、困境与突破——基于"一带一路"战略视角[J].青海社会科学,2017(3):19-23.

展,数字技术、数字产业和数字服务展现出了广泛的应用前景和增长潜力。被称为绿色革命的第四次产业革命,在物理、数字和生物技术的融合下所引发的一场深入且全面系统的社会变革,是以智能生产、数字集成、共享经济、灵活工业以及社会国家治理等为特征的新范式。①这种发展的新范式,是绿色经济发展最核心的内容和路径选择。以往的经济发展中,企业的发展环境是确定而连续的,在投资上注重规模经济,这种模式在一定程度上阻碍了经济的生产、流通、分配和消费的融合发展,让各个环节处于相对独立的发展空间。而互联网技术的发展,让企业的发展不再是以往的连续而线性的,企业的投资由规模转向了价值。用创新驱动增长,将生产、流通、分配和消费各个环节串联起来,形成循环发展,创新价值空间,联合行业内外的合作伙伴,为顾客创造新的价值。②

2. 人类命运共同体的生态诉求

自然的馈赠使人类在地球上存在了200多万年,由于世界多极化、经济全球化、社会信息化、文化多样化深入发展,全球治理体系和国际秩序变革加速推进,各国相互联系和依存日益加深,全球人类早已形成一个命运共同体,需要共同面对经济增长动能不足、自然资源的耗尽、气候变化等非传统安全威胁持续蔓延等问题。2019年夏季,美国奥克兰的国际研究组织发布的《生态足迹》报告显示,2019年7月29日,人类已耗尽全年的自然资源分配量,进入了生态赤字状态。"地球已受到极其严重的破坏,如果不采取紧急且更大力度的行动来保护环境,地球的生态系统和人类的可持续发展事业将日益受到更

---

① 陈健,龚晓莺.绿色经济:内涵、特征、困境与突破——基于"一带一路"战略视角[J].青海社会科学,2017(3):19-23.

② 陈春花.经此疫情危机,企业必须做出五个变革[J].风流一代,2020(9):34-35.

严重的威胁。"[1]

绿色经济的提出,给世界各国应对生态与可持续发展危机带来了曙光。各国或国际组织积极倡导绿色发展,以应对能源的日益枯竭、经济的低迷和自然生态环境的恶化。2008年和2010年,联合国环境规划署先后发表了"全球绿色新政"倡议和《绿色经济报告》;2013年,联合国环境规划署联合一些国际组织启动"绿色经济行动合作伙伴关系"计划;2015年,联合国环境规划署积极推动"一带一路"绿色经济增长,旨在全球范围内推动绿色经济的政策创新和能力建设,实现经济和自然的和谐统一发展。[2]2016年9月3日,即G20杭州峰会开幕的前一天,中美两国向联合国递交了《巴黎协定》,该协定旨在削减全球温室气体排放,控制使用化石燃料燃烧,以减少洪灾、干旱和日益严重的风暴等自然灾害,到2100年将全球气温上升的幅度限制在2℃以内。[3]世界各国根据本国基本国情,制定一系列的绿色发展政策来实现绿色经济的发展。

2019年4月28日,习近平主席在北京世界园艺博览会开幕式上发表重要讲话,提出追求"人与自然和谐、绿色发展繁荣、热爱自然情怀、科学治理精神和携手合作应对"的五个主张,表明中国绿色发展之路在于兼顾经济发展与环境保护,遵循"天人合一,道法自然",为全球绿色发展提供中国智慧和中国绿色方案,为建设美丽世界、构建人类命运共同体做出积极贡献,共筑生态文明之基。

3. 全面建成小康社会的关键要求

2017年10月18日,习近平总书记在题为《决胜全面建成小康社会 夺取新时代中国特色社会主义伟大胜利》的报告中,对生态文明

---

① "2019年度全球十大环境热点"解读会在京召开[N].国际环保在线,2020-06-02.
② 周全,董战峰,杨昭林,等.绿色经济发展的国际经验及启示[J].环球经济,2020(6):57.
③ 赵燕.法国绿色经济和绿色生活方式解析[J].社会科学家,2018(9):49.

建设进行了全面深刻的阐述,并将建设美丽中国明确纳入"两个一百年"的奋斗目标:建设生态文明是中华民族永续发展的千年大计。因此,生态文明的建设需要始终坚持和践行"绿水青山就是金山银山"理念,以节约资源和保护环境为关键抓手,统筹兼顾山水林田湖草系统的环境治理,实施和完善高规格的生态环境保护制度,形成绿色发展和生活方式,建设美丽中国。

生态环境是全面建成小康社会的底色。自2012年以来,习近平总书记就全面建成小康社会多次提到绿色发展与生态环保是全面建成小康社会的关键举措,同时生态环境问题是全面建成小康社会的突出短板。如表1-6所示。2020年6月1日,《求是》杂志刊发了习近平总书记的《关于全面建成小康社会补短板问题》,文章针对全面建成小康社会的过程中存在的短板弱项提出四点要求,其中在全面完成脱贫攻坚任务上,要求精准脱贫。在解决好重点地区的环境污染突出问题上,要求打好污染防治攻坚战,重点抓好京津冀重点地区的大气污染,长江经济带生态环境保护,北方地区清洁取暖,城市的黑臭水体、垃圾处理、工矿企业污染、机动车排放污染等城市环境突出问题,全面开展农村垃圾污水处理、厕所革命、村容村貌提升等工作。

表1-6　习近平总书记论全面建成小康社会(部分)

2012年在广东考察
没有农村的全面小康和欠发达地区的全面小康,就没有全国的全面小康。要推动城乡发展一体化
2013年中央经济工作会议
实现全面建成小康社会目标,要扎扎实实打好扶贫攻坚战,尽快使全国扶贫对象实现脱贫,让贫困地区群众生活不断好起来
2013年中央农村工作会议
小康不小康,关键看老乡。中国要强,农业必须强;中国要美,农村必须美;中国要富,农民必须富

2014年第十二届全国人大会议贵州代表团审议时讲话
小康全面不全面,生态环境质量很关键
2015 年 10 月 26 日十八届五中全会
生态环境特别是大气、水、土壤污染严重,已成为全面建成小康社会的突出短板
2015 年 12 月 11 日全国党校工作会议
把创新、协调、绿色、开放、共享的发展理念落到实处,实现第一个百年奋斗目标——全面建成小康社会,进而实现第二个百年奋斗目标——实现中华民族伟大复兴的中国梦
2017 年 10 月 18 日中国共产党第十九次全国代表大会上的报告
人民生活需要不仅对物质文化生活提出了更高要求,而且在民主、法治、公平、正义、安全、环境等方面的要求日益增长。要突出抓重点、补短板、强弱项,特别是要坚决打好防范化解重大风险、精准脱贫、污染防治的攻坚战,使全面建成小康社会得到人民认可、经得起历史检验
2018 年 9 月 21 日十九届中央政治局第八次集体学习时的讲话
产业兴旺、生态宜居、乡风文明、治理有效、生活富裕,"二十个字"的总要求,反映了乡村振兴战略的丰富内涵
2019 年 9 月 27 日全国民族团结进步表彰大会
我们要加快少数民族和民族地区发展,推进基本公共服务均等化,提高把"绿水青山"转变为"金山银山"的能力,让改革发展成果更多更公平惠及各族人民,不断增强各族人民的获得感、幸福感、安全感
2020 年 5 月 12 日在山西考察时讲话
今年是决战决胜脱贫攻坚和全面建成小康社会的收官之年,要千方百计巩固好脱贫攻坚成果,接下来要把乡村振兴这篇文章做好,让乡亲们生活越来越美好

　　无论是振兴乡村、蓝天碧水净土三大保卫战、防范化解风险,还是突发疫情下的公共应急管理等,都要依靠环保产业的发展。环保产业的发展是小康社会全面建成的关键,关乎小康社会全面建成的质量。人类社会的可持续发展由经济、环境和社会三个支柱支撑。与劳动、资本和资源一样,环境容量也是经济增长的一种要素,它能通过生态修复和融合释放经济的可持续发展的红利,是人与自然和谐

共生的着力点。我国现阶段经济发展已由高速增长转向高质量发展，人民的需求已由解决温饱的物质需求上升到追求美好生活的精神需求。如何通过生态环境释放经济可持续发展的红利，唯有改善生态环境质量，通过技术创新和制度革新，推进经济绿色改造和构建，在保护好生态前提下，积极发展多种经济模式，把生态效益更好地转化为经济效益、社会效益，实现经济发展与自然的和谐共生。

(二)我国环保产业发展环境分析

1. 政治环境

到 2005 年，我国已颁布了 6 部环境法、13 部资源管理法和 395 项环境保护标准。在 2019 年，我国出台的一系列和生态环境保护、环保产业发展相关的政策文件，高达 170 余部。

2020 年是全面建成小康社会和"十三五"规划的收官之年、脱贫攻坚的决胜之年、生态建设的重要"窗口期"，为贯彻习近平生态文明思想，统筹推进"五位一体"总体布局和协调推进"四个全面"战略布局，国家和地方政府将会出台更多环保法律法规政策和财政政策，为生态文明建设和美丽中国的实现提供政策保障和财政支撑。

（1）法律法规

第一，完善现代环境治理体系，从源头上治理、防控。2020 年 3 月，中共中央办公厅、国务院办公厅印发《关于构建现代环境治理体系的指导意见》（以下简称《意见》）。《意见》要求到 2025 年，建立健全党、政、企和公民"四位一体"的领导责任体系、企业责任体系、全民行动体系、监管体系、市场体系、信用体系、法律法规政策体系，从源头上治理、防控，实现政府治理、社会调节、企业自治和公民参与的良性互动的现代治理体系，以推动生态环境的改善，为人民美好的幸福生活提供制度保障。如图 1-2 所示。

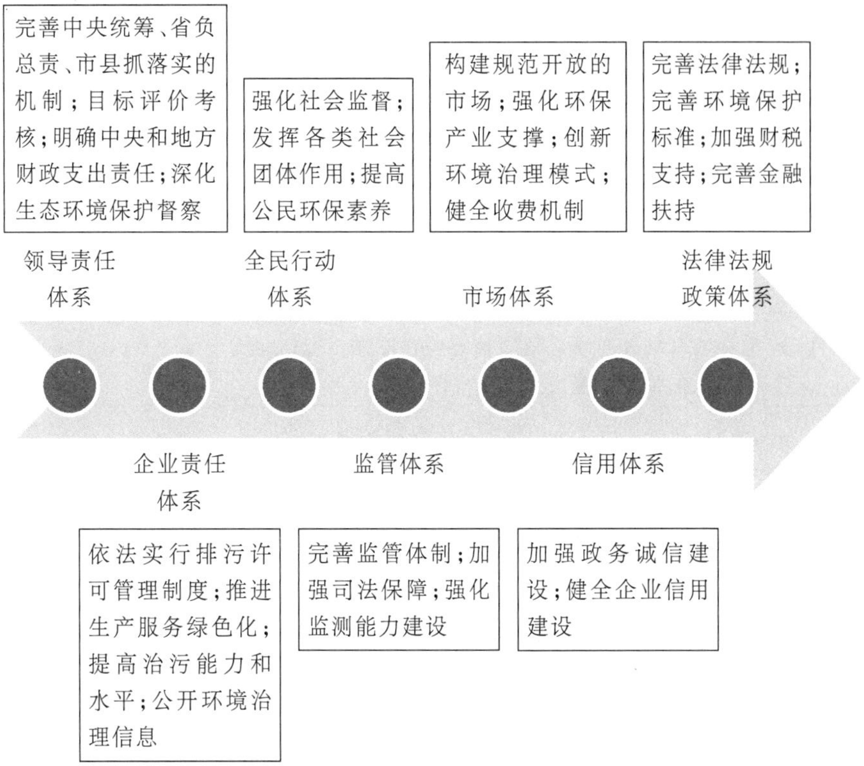

完善中央统筹、省负总责、市县抓落实的机制；目标评价考核；明确中央和地方财政支出责任；深化生态环境保护督察

强化社会监督；发挥各类社会团体作用；提高公民环保素养

构建规范开放的市场；强化环保产业支撑；创新环境治理模式；健全收费机制

完善法律法规；完善环境保护标准；加强财税支持；完善金融扶持

领导责任
体系

全民行动
体系

市场体系

法律法规
政策体系

企业责任
体系

监管体系

信用体系

依法实行排污许可管理制度；推进生产服务绿色化；提高治污能力和水平；公开环境治理信息

完善监管体制；加强司法保障；强化监测能力建设

加强政务诚信建设；健全企业信用建设

图1-2　现代环境治理体系

　　第二，明确中央和地方财政事权和支出责任，发挥地方能动作用。2020年6月14日，国务院办公厅发布《生态环境领域中央与地方财政事权和支出责任划分改革方案》，就生态环境领域中央与地方财政事权和支出责任进行划分，建立"权责清晰、财力协调、区域均衡"的中央和地方财政关系，以完善现代环境治理体系，为推进美丽中国建设、实现人与自然和谐共生的现代化提供有力支撑。如表1-7所示。

表 1-7　生态环境领域中央与地方财政事权和支出责任划分

内　容	中　央	地　方
生态环境规划制度制定	国家生态环境规划、跨区域生态环境规划、重点流域海域生态环境规划、影响较大的重点区域生态环境规划和国家应对气候变化规划制定	其他生态环境规划制定
生态环境监测执法	国家生态环境监测网的建设与运行维护，生态环境法律法规和相关政策执行情况及生态环境质量责任落实情况监督检查，全国性的生态环境执法检查和督察	地方性的生态环境监测、执法检查、督察
生态环境管理事务与能力建设	国务院有关部门负责的规划和建设项目的环境影响评价管理及事中事后监管，全国性的重点污染物减排和环境质量改善等生态文明建设目标评价考核，全国入河入海排污口设置管理，全国控制污染物排放许可制、排污权有偿使用和交易、碳排放权交易的统一监督管理，全国性的生态环境普查、统计、专项调查评估和观测，生态受益范围广泛的生态保护修复的指导协调和监督，核与辐射安全监督管理，全国性的生态环境宣传教育，国家重大环境信息的统一发布，生态环境相关国际条约履约组织协调等事项	地方规划和建设项目的环境影响评价管理及事中事后监管，地方性的重点污染物减排和环境质量改善等生态文明建设目标评价考核，控制污染物排放许可制的地方监督管理，生态受益范围地域性较强的地方性生态保护修复的指导协调和监督，地方性辐射安全监督管理，地方性的生态环境宣传教育，地方环境信息发布，地方行政区域内控制温室气体排放等事项
环境污染防治	跨国界水体污染防治	土壤污染防治、农业农村污染防治、固体废物污染防治、化学品污染防治、地下水污染防治以及其他地方性大气和水污染防治，(中央财政通过转移支付给予支持)噪声、光、恶臭、电磁辐射污染防治等事项
生态环境领域其他事项	研究制定生态环境领域法律法规和国家政策、标准、技术规范等	研究制定生态环境领域地方性法规和地方政策、标准、技术规范等
环境污染防治	放射性污染防治，影响较大的重点区域大气污染防治，长江、黄河等重点流域以及重点海域、影响较大的重点区域水污染防治等事项 中央与地方共同财政事权，由中央与地方共同承担支出责任	

第三，完善民法体系，强化公众参与环境保护。2020年续表月28日，十三届全国人大三次会议表决通过了《中华人民共和国民法典》。民法典就生态环境资源保护从7个方面进行了责任明确：污染环境、破坏生态致损的侵权责任；环境污染、生态破坏侵权举证责任；两个以上侵权人的责任大小确定；环境污染、生态破坏侵权的惩罚性赔偿；因第三人的过错污染环境、破坏生态的侵权责任；生态环境修复责任；公益诉讼的赔偿范围。这7个方面的民事责任的确定，将会增强公众参与生态环境保护的意识和责任，并能对生态环境的破坏进行监督，从源头进行生态环境保护。

第四，落实生态环保任务，补齐生态建设短板。2020年5月22日，李克强总理在人民大会堂做报告时提出2020年生态文明建设的目标和要求：单位国内生产总值能耗和主要污染排放量继续下降，努力完成"十三五"规划目标任务；打好三大保卫战；提高生态环境治理成效；依法、科学、精准治污；深化重点地区大气污染治理攻坚；推进长江经济带共抓大保护；编制黄河流域生态保护和高质量发展规划纲要；加强污水、垃圾处置设施建设；加快危化品生产企业搬迁改造；壮大节能环保产业；推动煤炭清洁高效利用，发展可再生能源等。

第五，加强细分领域的政策，催生新兴市场需求。2018年《中华人民共和国环境影响评价法》修正案获通过，2019年《土壤污染防治法》正式实施，2020年《固体废物污染环境防治法》完成修订并正式发布，这些为环保产业的发展注入了新的动力。土壤修复、垃圾分类处理和回收、"无废城市"建设试点和环评行业等领域迅速发展，市场规模持续扩大。2019年，公开招标的各类污染场地修复工程项目达320个，金额约125.4亿元；46个重点城市居民小区垃圾分类平均覆盖率达到53.9%，全国全面启动生活垃圾分类及无害化处理；启用环境影响评价信用平台，进入信用管理的新时代；中央环保督察，促使环保服务需求激增,催生环保咨询服务市场。

环境治理体系的完善、责任体系的构建,为落实生态文明建设提供了政策保障。制定或修订固体废物污染防治、长江保护、海洋环境保护、生态环境监测、环境影响评价、清洁生产、循环经济等方面的法律法规和环境质量标准、污染物排放(控制)标准以及环境监测标准,有利于依法、科学、精准治理,实现环境"双向"治理——源头减量和末端处理,这对环保产业的发展提供了良好的政治、法制环境,并加速释放环保产业的细分领域市场需求。

2. 财政支持

(1)中央财政加大投入生态环保资金

2007 年政府将环保支出科目正式纳入国家财政预算以促进环境污染治理行业的发展。2019 年国家财政支出 23.89 万亿元,同比增长 8.13%。环境保护支出达到 7443.57 亿元,同比增长 18.19%,自 2015 年以来同比增幅最大。而在 2020 年受新冠肺炎疫情的影响,财政将会更加积极有为,优化支出结构,缓解地方财政困难,扩大政府投资,专项扶贫资金安排 1461 亿元,一次性增加结转资金 300 亿元;在大气、水、土壤等方面污染防治资金分别安排 250 亿元、317 亿元、40 亿元;支持粮食能源安全、知识产权保护及区域协调发展等。仅 2020 年 7 月,国家用于环境污染治理的资金已下达 139.8 亿元,第二批"三大保卫战"的防治资金分别为 35.5 亿元、64 亿元和 5 亿元,合计 104.5 亿元。

(2)地方债券加速环保市场的释放

2020 年 1—5 月,全国发行地方政府债券 31997 亿元。其中,一般债券 9448 亿元,专项债券 22549 亿元;发行新增债券 27024 亿元,其中再融资债券 4973 亿元。[1]如图 1-3 所示。地方政府债券平均发行

---

[1] 数据来源:国家财政部网站。

期限 15.2 年, 其中, 一般债券 15.2 年, 专项债券 15.2 年。如图 1-4 所示。地方政府债券平均发行利率 3.27%, 其中, 一般债券 3.13%, 专项债券 3.33%。如图 1-5 所示。与 2018 年、2019 年同期相比, 发行总量、发行期限均有上升, 且增量很大, 而发行利率呈现下降趋势。

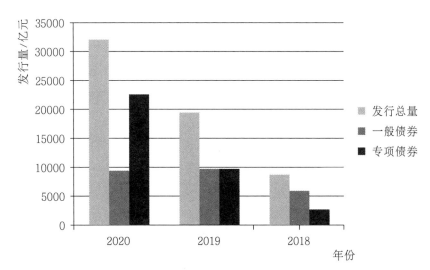

图 1-3　近三年 1—5 月地方政府债券发行情况对比

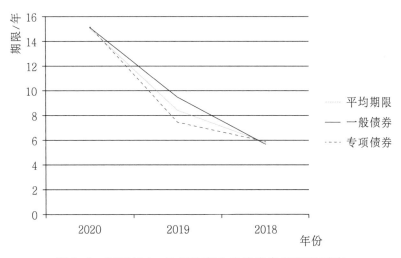

图 1-4　近三年 1—5 月地方政府债券发行期限对比

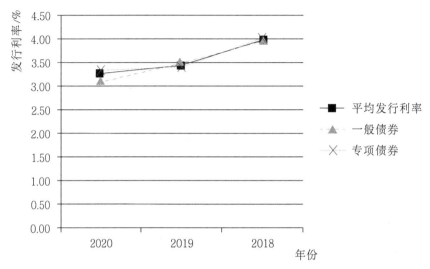

图1-5　近三年1—5月地方政府债券发行利率对比

由此可以看出，2020年地方政府债券进度更快、期限更长、成本更低，特别是专项债券相较于2019年，增量达到132.6%。生态环保是专项债券的重点支持领域，专项债券的加速发行有望直接拉动地方投资，刺激环境治理市场释放。

（3）社会融资引导绿色产业良性发展

绿色债券是募集资金专项用于绿色项目的债务融资工具，它是提高能效项目和可再生能源项目的融资来源之一。2015年我国出台《绿色债券支持项目目录（2015年版）》，明确绿色项目的界定与分类，所募集绿色债务融资工具资金应100%投资于该目录的项目。2017年3月发布了《非金融企业绿色债务融资工具业务指引》及两个配套表格体系，首次明确要求企业在发行绿色债务融资工具时披露绿色项目具体信息，并由银行间交易商协会对绿色债务融资工具接受注册通知书并进行GN统一标识。2019年5月发布了《关于支持绿色金融改革创新试验区发行绿色债务融资工具的通知》，对绿色金融改革创新试验区的企业注册发行绿色债务融资工具提供支持。据统计，到2019年我国绿色债务融资工具发行总规模达328亿元，同比增长近两倍，符合国际标准的绿色债券发行量达313亿美元，仅次于美国（513亿美元）。通过多维度的创新引导市场资源配置投向绿色产业，为我国经济绿色转型注入了新活力。

PPP项目融资是政府采购、提供基础设施和公共服务的模式之一，其核心价值是特有所值、承受能力、风险分配。生态环境保护是推行PPP模式的重点领域。据统计，到2019年年底，全国生态环境方面共3196个PPP项目，总投资达1.97万亿元，涉及污水处理、垃圾处理、垃圾发电、生物质能、湿地保护、综合治理及其他共7类。其中，污水处理项目最多，比重达到42.99%；综合治理占29.10%；湿地保护、生物质能、排水项目均低于100个。在投资规模上，综合治理项目投资达到了10288.69亿元，占比52.22%；其次为污水处理，占比26.30%；其他类别占21.48%。

（4）第三方治理模式促进环保产业多样化发展

环境污染第三方治理是一种市场化、专业化和产业化的污染治理新模式，通过专业的环保公司进行环保基础设施建设和运营，有效推进环保业务的发展，实现生态文明建设。2015年1月14日，国务院办公厅发布《国务院办公厅关于推行环境污染第三方治理的意见》，2017年8月出台《环境保护部关于推进环境污染第三方治理的实施意见》，将第三方治理推向快速发展。治理的原则由原来的"谁污染，谁治理"转向了坚持市场导向的"谁污染，谁付费"，并在脱硫脱硝、废水治理、工业固废处理、垃圾处理、环境修复、城市环境公用设施工业园区等领域，取得了一定成效。2019年4月，《关于从事污染防治的第三方企业所得税政策问题的公告》《关于深入推进园区环境污染第三方治理的通知》等政策相继出台，从税收及资金政策方面对环境污染第三方治理予以鼓励，实行第三方参与治理的产业园区、经济技术开发区等园区发展模式。

第三方治理主要有两种运作模式：一种是适用于新建和扩建项目的"可信服务类型"，另一种是适用于已完成项目的"托管操作服务类型"。前者是对污染防治设施进行融资建设、运营管理和维护管理等，后者是通过现有的防治设施进行升级改造。经过专业化处理，浙江省企业污染控制设施的排放率可达到70%—90%。与污染企业的自营相比，达标率提高了30%—50%，运营成本节省了10%—20%。

3. 关键技术

2020年3月，生态环境部发布《关于推荐先进固体废物和土壤污染防治技术的通知》，要求在城市、农村生活垃圾处理处置技术，污泥、畜禽粪便、秸秆等有机固体废物处理处置及资源化技术，医疗废物、垃圾焚烧飞灰、废矿物油、废铅酸蓄电池等危险废物处理处置技术及废弃电器电子产品处理处置技术，尾矿、冶炼渣等典型大宗工业团体废物资源化利用技术，污染地块、农用地、工矿用地的土壤污染防控、修复技术等重点领域进行推荐，以充分发挥先进技术在污染防治攻坚战和疫情防控阻击战中的作用。

（1）水处理

2019年，生态环境部、工信部和水利部先后出台《2019年国家先进污染防治技术目录（水污染防治领域）》《国家鼓励的工业节水工艺、技术和装备目录（2019年）》和《国家成熟适用节水技术推广目录（2019年）》等文件，引导和鼓励水污染治理与资源化利用注重科技创新与成果转化。借助于其他学科、产业技术的融合，水处理的关键技术获得突破。如表1–8所示。

表 1-8 水处理关键技术[①]

技术类别	解决问题	技术优化
处理技术	总氮的去除	多级 A/O、SBR、MBR、兼氧 MBR 等反应器的优化调控技术
	难降解有机污染物去除	电场强化水解酸化、臭氧多相催化氧化、树脂吸附回收等技术
	反渗透浓水蒸发副产物的处理	蒸发结晶分步提盐、浸没燃烧蒸发处理技术以及多段热解炉
	精细化运营	精确曝气、智能加药和节能降耗,并对污水处理单元运行状态由云端专家系统实时诊断
新兴技术	监管、检测和处理等	监管信息平台和排水管渠精确检测、疏通处理和原位修复等方面运用数字化技术
	低碳源水质特点的颗粒污泥培养方法	好氧颗粒污泥技术

(2)电除尘技术

我国电除尘行业通过技术创新和管理创新,在科技攻关、技术创新、市场引领、装备制造及海外项目合作等方面处于领先地位。2019 年 4 月,国家标准委正式发布国家标准《除尘器能效限定值及能效等级》,该标准是由中国标准化研究院和行业龙头企业浙江菲达环保科技股份有限公司、福建龙净环保科技股份有限公司等单位起草的,对电除尘器、电袋除尘器等进行能效分级,以促进技术改造和创新。如表 1-9 所示。

表 1-9 电除尘关键技术[②]

技术类别	专业技术	解决问题	技术优化
电除尘技术	电除尘大数据库	节能、高效、稳定运行	高频电源、智能节能控制、反电晕自动控制等技术

---

① 2019 年水污染治理行业发展评述和 2020 年发展展望[EB/OL].http://www.caepi.org.cn/epasp/website/webgl/webglController/view？xh=1578273384700037601280,2020-01-06.

② 2019 年电除尘行业发展评述和 2020 年发展展望[EB/OL]. http://www.caepi.org.cn/epasp/website/webgl/webglController/view?xh=1578446822732054157312,2020-01-08.

续表

技术类别	专业技术	解决问题	技术优化
电除尘技术	煤电行业电除尘技术	实现超低排放	低温电除尘技术或高效电除尘技术与湿法脱硫技术或高效除雾技术结合;增设湿式电除尘器
	非电行业超低排放技术	煤电的超低排放和稳定运行	以低温电除尘技术和湿式电除尘技术为核心的烟气协同治理
		钢铁行业的烧结机头烟气排放	扩容、降速、采用高效电源、增设辅助收尘、改善振打、烟气调质等技术
		水泥行业降低烟气粉尘浓度	"高温电除尘+SCR脱硝"技术
		有色金属的氧化铝焙烧炉烟气	高温超净电袋复合除尘技术
		雾滴以及 SO_3 等污染物去除	径流式电除尘技术
		烟气多污染物协同控制实现超低排放	脉冲等离子体烟气脱硫脱硝除尘脱汞一体化技术
	高效电除尘技术	旋转电极式电除尘、化学团聚电除尘、机电多复式双区电除尘、离子风电除尘、电膜除尘、新型高压电源等先进技术	
电袋除尘技术	顶部垂直进风袋式除尘器	流动阻力大、气流分布不易均匀、灰斗多、占地大等问题	顶部垂直进风袋式除尘器新结构
	袋式除尘脱硝一体化装置	焦炉烟气脱硫脱硝	焦炉烟气袋式除尘脱硝一体化装置
	高效滤筒技术	钢铁行业粉尘超低排放	在不改变原有袋式除尘器本体结构的前提下,较经济地达到超低排放提标改造的要求
	金属纤维滤袋	水泥、有色金属、焦化和煤电等行业的烟气除尘及贵金属回收	通过高温烧结而成多孔深度型滤材

续表

技术类别	专业技术	解决问题	技术优化
电袋除尘技术	自封堵滤袋缝纫线	袋式除尘针刺毡滤袋针孔漏灰问题	具有耐温、耐腐且"阻灰、闭合针孔、耐磨、抗蠕变"的滤袋缝制专用线
	焊接机器人及自动化焊接生产技术	提高生产效率和质量	袋式除尘智能化制造装备升级
	协同脱硫脱硝除尘	焦化烟气污染物排放	SDA 半干法脱硫+BF 袋式除尘+SCR 中低温脱硝工艺

（3）固废处理技术

生态环境部环境发展中心发布了《关于"无废城市"建设试点先进适用技术（第一批）评审结果的公示》,共计 82 项,主要涉及工业固体废物领域、危险废物领域、农业固废领域、生活固废领域和信息化管理领域五个方面。而在生态环境部发布的《2019 年度环境保护科学技术奖获奖项目名单》和中国环境保护产业协会发布的《2019 年度环境技术进步奖获奖项目名单》里,涉及固废领域相关的代表性技术主要有:电子垃圾拆解区污染物暴露识别与风险评估关键技术及应用、水泥窑多污染物协同控制关键技术开发与应用、危险废物水泥窑协同处置关键技术与应用、高氯高硫高湿类固体废物水泥化利用成套技术及应用、化学品环境危害测试与暴露评估关键技术及应用研究、典型有色金属高效回收及污染控制技术、区域性危险废物集中处置设施环境风险控制技术及应用示范及铸造废弃物处置和资源化利用关键技术开发等。如图 1-6 所示。

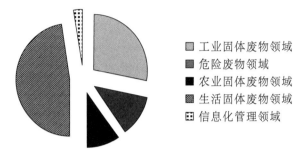

图1-6 "无废城市"建设试点先进适用技术（第一批）领域分布

（4）土壤修复技术

《土壤污染防治法》和《土壤污染防治行动计划》等相关政策法规的出台，完善了土壤修复行业的管理、技术等体系。在土壤修复技术研发方面，重点是土壤污染形成机制、监测预警、风险管控、治理修复、安全利用等方面的修复技术和材料、装备的创新研发及典型案例等，经费预算5亿元。如表1-10所示。[①]

表1-10 土壤修复关键技术

工业污染场地管控与修复技术	针对有机污染场地的原位热修复、异位热脱附、化学氧化修复及重金属污染的固化/稳定化
•原位热修复技术、异位热脱附技术、气相轴提技术、化学氧化技术、风险管控技术、重金属固化/稳定化技术等	
农用地污染管控与修复技术	针对受污染农用地的管控与修复
•污染源头防控技术、农用地安全利用技术	
矿山管控与修复技术	针对废弃的矿山的管控与修复
•露天废弃矿山生态重建技术、采煤塌陷区地貌重塑修复技术、尾矿库环境管控技术	

① 2019年修复行业发展评述和2020年发展展望［EB/OL］.http://www.caepi.org.cn/epasp/website/web-gl/webglController/view? xh=1578963808360050667520,2020-01-14.

（5）废气治理技术

2019年,《2019年全国大气污染防治工作要点》《重点行业挥发性有机物综合治理方案》等大气污染治理法规政策的出台,夯实了打赢蓝天保卫战的基础;2019年5月,生态环境部、发展改革委、工业和信息化部等五部委联合印发《关于推进实施钢铁行业超低排放的意见》,推进废气治理工作纵深化、规范化发展。因此,废气的收集和预处理技术以及末端治理技术的应用日益广泛和规范。在废气收集技术上主要有集风方式、收集系统设计、集气罩选型等;废气预处理技术主要有多级干式过滤技术、喷淋吸收技术、冷凝降温除湿技术及净化技术等;末端治理技术主要有吸附、焚烧、催化燃烧和生物净化、吸附浓缩+催化燃烧、吸附浓缩+高温焚烧、吸附浓缩+吸收、低温等离子体降解+吸收等。部分钢铁行业为实现清洁生产和源头洁净化排放,采用有组织治理技术、无组织管控技术和智能化监管技术,达到"近零排放"的目标。如表1-11所示。

表1-11　钢铁行业的废气治理关键技术[①]

技术类别	专业技术	解决问题	优化技术
有组织治理关键技术	湿法/半干法脱硫+中温SCR脱硝技术、活性炭/焦一体化脱硫脱硝技术	颗粒物、二氧化硫、氮氧化物的减排	关键工艺参数的控制 通过活性炭/焦的质量、装载量把控与工况条件的精准调配
	半干法/干法脱硫+SCR脱硝技术、SCR脱硝+湿法脱硫+湿电技术	氮氧化物、颗粒物和雾滴的去除	脱硫、脱硝

---

① 2019年冶金环保行业发展评述和2020年发展展望[EB/OL].http://www.caepi.org.cn/epasp/website/webgl/webglController/view? xh=1579653495272124936192,2020-01-22.

续表

技术类别	专业技术	解决问题	优化技术
有组织治理关键技术	高炉与焦炉煤气精脱硫技术	二氧化硫的减排	微晶材料吸附工艺去除煤气中有机硫技术
	高效除尘技术、精轧机除尘	颗粒物的减排和烟气净化	改造过程中选用滤筒除尘工艺和烟气净化工艺
无组织管控制一体化关键技术	原料库封闭技术	控制扬尘,防止粉尘逸散	在屋顶和移动的喷雾装置
	受卸料、供给料过程中的抑尘技术	除尘	采用抽风除尘或抑尘的方式优化作业环境
	无组织排放管控一体化系统	除尘	智能管控及一体化平台

(6)环境监测技术

环保政策的密集出台,让环境监测行业迎来了春天。特别对大气、水、土壤的污染治理的监测,传统的监测设备与技术已接近饱和,需要在远程监测、智能监测、大气污染源解析、跨区域传输、支撑科学决策和精准监管等方面进行提升。虽然与发达国家相比,我国环境监测技术水平仍具有一定的差距,但是在热点技术上有创新、突破。如表1-12所示。

表1-12 环境监测行业热点技术[1]

技 术	解决问题	方 法
分析仪器小型化技术	提高测量准确度,减少试剂消耗和废液排放,降低运维成本	采用小型或者微型部件、高精度定量检测单元、试剂废液分流结构等措施

---

[1] 2019年环境监测行业发展评述和2020年发展展望[EB/OL].http://www.caepi.org.cn/epasp/website/webgl/webglController/view? xh=1579225929871035495936,2020-01-17.

续表

技　术	解决问题	方　法
水质综合毒性在线分析技术	为水质评价提供较为理想的数据和信息	各种探测生物作为被测物
烟气重金属检测技术	监测烟气中的铅、汞、铬、镉、砷等重金属污染物的含量	采用X射线荧光法检测
傅里叶红外检测技术	连续监测烟气排放中HF、SO_2、HCl、NO_x、CO_x、H_2O、O_2等多种气体组分浓度	利用多组分傅里叶红外吸收光谱技术
VOCs在线监测技术	VOCs在线监测	采用气相色谱（GC）+氢火焰离子检测法（FID）、气相色谱/质谱（GCMS）和差分吸收光谱等分析方法
无人载具立体监测技术	对大气、河流、水下的立体监测	采用无人机、无人船、水下机器人等载具系统

我国环保产业的创新能力不断增强,环保技术与国际先进水平的差距越来越小,甚至处于领先地位,各子行业已掌握一批自主知识产权关键技术。随着物联网、大数据、云计算等信息科学技术与环保产业深度结合,人工智能技术也开始得到应用和布局。

4. 国际合作

"十二五"时期是我国环保产业外部发展的黄金期。作为世界最大的环保市场,我国90%以上的技术装备和工程技术服务实现本地供给。随着核心竞争力的加强,达到国际先进水平的环保装备和产品已经出口到70多个国家和地区。

我国环保产业的出口以能源和固废处理及水处理为主,主要有污水处理、再生水利用、海水淡化、污泥处置、垃圾焚烧及烟气脱硫脱硝等,具有门类齐全并拥有自主知识产权的技术装备,出口对象主要以印度、印度尼西亚、越南、巴西、智利等新兴工业国家,东南亚或南亚地区居多,还有"金砖国家"成员国巴西、俄罗斯。

我国环保产业国际化路线主要有两种方式。一种是通过直接投资建厂,如光大和天楹在越南参与当地的垃圾焚烧发电和运营项目,焚烧量达到4000—5000吨/日。另一种是项目合作,通过"项目融资"的银保合作,成为跨境融资结构领域的引领者。例如,在印度尼西亚的2×100兆瓦明古鲁电站项目,通过中国信保的海外投资保险促成项目融资。通过公私合营的PPP项目,中孟两国企业联合投资孟加拉国的太阳能、风能电站等新能源建设,首批建成装机容量共计约25万千瓦的三个可再生能源电站项目;中国电建集团承建世界最大河道整治工程——孟加拉帕德玛大桥河道整治和龙净环保承担印度比莱钢铁厂锅炉岛工程等。

现在,国际合作还在深化。2019年我国与英国签署的《中英清洁能源合作伙伴关系实施工作计划2019—2020》,确认在清洁能源技术、清洁能源转型路径、系统改革以及国际治理和合作等方面继续加强合作;在林业、自然环境、医学研究、气候等方面开展交流或项目合作。中、英、法三方合作的欣克利角核电站落户英国,是中国在海外最大的单笔投资项目,也是英国的第一个核电项目。该项目建成后的60年运行期内,二氧化碳减排量为900万吨/年,并可满足英国7%的电力需求。

(三)我国环保产业的生命周期和金融周期

1. 生命周期[①]

我国环保产业起步较晚,但是随着国家对绿色经济发展日益重视,在国家和地方政策的扶持下,环保市场需求迅速扩大,步入快速

---

① 常杪,宋盈盈,杨亮,等.环保产业发展阶段论研究与中美日三国实证分析[J].四川环境,2018(4):141-146.

增长期。环保产业生命周期的指标构建主要分为两部分：一是产业的经济性指标；二是产业的功能性指标。如表1-13所示。

表1-13　环保产业生命周期特征指标体系

指标类型	具体指标	形成期	成长期	成熟期	后成熟期
经济性指标	产值及增速	较低，稳步上升	持续快速	产值缓慢增长，增速迅速下降	传统领域产值下降，新兴领域产值增加
	GDP占比	较低水平，开始上升	快速上升，达到较高水平	从高位逐渐下降	外延功能拉动提升
	产值/GDP增速	增速略低于GDP增速	等于或大于GDP增速	与GDP增速相当	回升，略高于GDP增速
	对外出口	无	出口增加	逐渐扩大	趋于饱和，外延出口扩大
	环保投资额	较低	迅速增长	增速减缓	保持平稳
功能性指标	行业集中度	较低	较低	逐渐上升	传统领域较高水平，新兴领域上升
	重点环境问题治理	工业污染、环境基础设施建设等		生态环境问题治理、资源的回收再利用、低碳发展等领域	
	公众环保意识	重发展，轻环境	逐渐增强	明显提高	公众参与监管
	领域结构	设备生产制造、工程建设		技术创新与运营管理	运营管理、高端技术装备制造
	环境质量	质量恶化	遏制，问题突出	质量逐渐改善	质量显著提升

根据环保产业生命周期的特征指标体系,结合我国环保产业的产值及 GDP 份额,可以对我国的环保产业生命周期所处阶段做出较明确的判定。如表 1-14 所示。

表 1-14 我国环保产业生命周期阶段特征判定

指标类型	具体指标	我国现阶段特征	所处阶段
经济性指标	产值及增速	节能环保行业的总产值从 2012 年 3 万亿元左右增长至 2017 年约 6.9 万亿,平均增长率超过 15%。2018—2020 年年均复合增长率约为 21.25%,到 2022 年将达到 15.8 万亿元,产值增速维持高位	成长期
	GDP 占比	环保产业营收在 GDP 中的占比日益增加,从 2002 年的 0.4% 上升至 2017 年的 1.6%	成长期
	产值/GDP 增速	2004—2017 年,我国环保产业营收规模从 600 亿元提升至 1.35 万亿,年平均增长率超过 25%,显著高于 GDP 增速	成长期
	对外出口	环保装备出口年均增长 30% 以上,但总体规模较小	成长期
	环保投资额	"十二五"期间中国环保投资达到 3.1 万亿元,较"十一五"期间上升 121%,年平均增速达 24.2%,预计"十三五"期间,环保投资额将超过 17 万亿元	成长期
功能性指标	行业集中度	行业集中度逐步提高,但新兴领域行业集中度较低	成长期
	重点环境问题治理	生态修复、固废处理、低碳发展等领域成为新的发展重点	成长期/成熟期
	领域结构	清洁能源和土壤修复等新领域快速发展,生态环境基础建设加快	成长期/成熟期
	公众环保意识	公众环保意识逐渐增强,承担环境责任,参与环境监管	成长期
	环境质量	工业污染物治理和城镇污染治理水平相对较高,乡镇和土壤等领域污染依然较严重	成长期/成熟期

可以看出,我国的环保产业大部分特征符合成长期阶段,部分指标上显示出由成长期向成熟期转变,从而显示整体处于成长期阶段,因此,在长期的发展中具有较大的发展空间和潜力。

2. 金融周期[①]

金融周期是指经济活动在各种内外因素冲击下,通过金融体系的传导,主要是信用的收缩与扩张,引起经济活动的持续性波动和周期性变化。即宽松的货币政策,信贷扩张,资产价格上升,进一步刺激了加杠杆,债务率迅速攀升,信用收缩,形成一个金融周期。如图1-7所示。

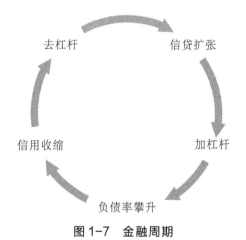

图1-7 金融周期

环保产业的金融周期,其表象特征是杠杆率。2013年环保政策开始逐步进入加严周期,2014年经济下行压力较大、货币政策宽松,使得环保公司杠杆率快速提升,到2016年年底,"去杠杆"拉开序幕。在这个过程中,"大气十条""水十条"的出台,进一步释放环保需求,加上地方政府融资的规范和基建类PPP项目订单的增多,促进环保公

---

① 一场轮回,终点亦起点——光大证券环保行业2019年投资策略[EB/OL].https://www.gelonghui.com/p/230999,2019-01-03.

司激进式扩张。2018年,金融"去杠杆"强力推进,加上中美贸易摩擦,环保产业业绩走向下行。如图1-8~图1-10所示。

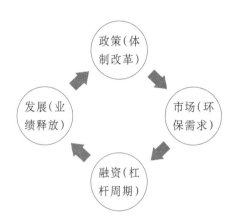

图1-8 环保产业金融周期演绎

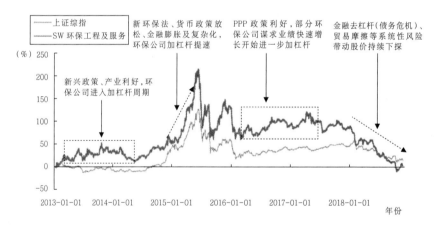

图1-9 环保产业的金融周期

资料来源:Wind,广大证券研究所

图1-10　环保产业的金融周期

资料来源：Wind

(四)我国环保产业市场特点分析

根据国家发改委《"十二五"期间环保产业发展回顾》的统计数据,规模以上环保装备制造企业2015年资金来源合计是2010年的6.9倍,环保企业的数量10年来翻了四番,2014年突破50000家,实现产值15000亿元,该产值与2010年相比增长50％,从业人数300万人以上。环保企业的发展规模在不断壮大。

1. 环保上市公司成长性分析

据统计,2019年1—11月,全国固定资产投资增速为5.2%,生态保护和环境治理投资的增速为36.3%,生态保护和环境治理投资的增速远远高于固定资产投资增速,环保行业营业收入同比增长约11%。2019年,A股环保上市公司中,129家环保上市公司营收总额达9251.2亿元,同比增长10.1%。其中96家营收同比增长,最高增幅达906.4%;33家同比下降,最高跌幅达–50.8%。104家环保上市公司营收总额共达2131.9亿元,同比增长3.9%。其中70家营收同比增长,最高增幅达909.6%;34家同比下降,最高跌幅达–81.2%,整体成长性表现好于预期。如表1-15所示。

表1-15　2019年A股环保上市公司环保营收TOP20

排　名	证券简称	环保主营细分领域	环保营收（亿元）
1	中国天楹	固废处理与资源化	185.9
2	葛洲坝	水污染防治	171.3
3	龙净环保	大气污染防治	107.2
4	盈峰环境	固废处理与资源化	86.5
5	碧水源	水污染防治	85.8
6	深康佳A	固废处理与资源化	70.8
7	首创股份	固废处理与资源化	65.1
8	高能环境	固废处理与资源化	50.8
9	同方股份	水污染防治	47.5
10	启迪环境	固废处理与资源化	40.7
11	东方园林	固废处理与资源化	40.6
12	远达环保	大气污染防治	37.0
13	上海环境	固废处理与资源化	36.0
14	聚光科技	环境监测与检测	34.7
15	东江环保	固废处理与资源化	34.3
16	国祯环保	水污染防治	34.3
17	景津环保	固废处理	33.1
18	中再资环	固废处理与资源化	32.7
19	*ST菲达	大气污染防治	29.5
20	贵研铂业	固废处理与资源化	28.8

2019年前三季度的细分子行业板块，从营收规模来看，最大的是水处理，其次为生态园林和环卫，营收分别为508.71亿元、322.25亿元和321.77亿元，营收规模最小的为土壤修复，达89.20亿元。从营收增

速上看，受垃圾分类政策推动影响，环卫子板块增速最高，达到100.97%，其次是固废处理，达56.22%。从规模净利润来看，规模最大的为水处理64.24亿元，其次为固废处理39.83亿元。增速方面，除大气治理−14.63%、生态园林−86.78%、水处理−3.54%外，其他子板块仍保持正向增长，其中增速较高的为土壤修复（29.63%）、受垃圾分类推动的环卫（27.59%）。其中土壤修复规模净利润同比增速基本保持稳定。[①]

因此，受"长江大保护"、固废处理的政策推动和PPP项目的影响，运营类的项目将会受到市场的追捧，其中水处理的成长指数比较高，其次是生态园林，最后是固废处理，行业的景气度比较高。

2. 国有环保企业优势分析

从20世纪80年代开始，第一批外资企业进入我国环保领域，推动了我国环保产业的发展。到21世纪初期，逾百家环保外资企业占据了我国四分之三的市场。最初，民营企业以其自身的灵敏嗅觉和快速反应，在环保产业发展的黄金十年里，孕育出一批优质的环保企业，与外资企业和国有企业三分天下。2015年前后，随着《水污染防治行动计划》、PPP等利好政策推动，环保产业迎来发展高潮，国有企业开始发力，一路高歌猛进。2019年，有16家企业发生实质性股权转让行为，其中15家企业受让方为国资。如表1−16所示，列举了其中12家。

表1−16　2018年以来国有企业入资民营环保企业一览表

入资国企	企业名称	入资国企	企业名称
清华大学	启迪桑德	锦江环境	浙能集团

---

① 2020年环保行业投资策略：行业凛冬将尽，布局高景气度子行业[EB/OL].上海证券研究报告，2019−12−06.

续表

入资国企	企业名称	入资国企	企业名称
成都市国资委	兴蓉环境	碧水源	中国城乡
佛山市南海区国资委	瀚蓝环境	国润环境	清新环境
中山市国资委	中山公用	三峡集团	北控水务
龙岩市国资委	龙净环保	北京市海淀区国资委	三聚环保
三峡集团	国祯环保	绵阳投资	京蓝科技

有研究表明,国企进场环保领域主要有三类:为民营企业纾困,逆向混改;转型升级,调整产业结构;响应国家绿色发展战略。可以看出,国企进军环保领域是因为环保产业的未来前景和发展潜力。同时,国有企业凭借属地、资本、政企关系的优势,进场环保产业将加速市场调整结构,优化供给,从而促使环保产业健康向上发展。其在环保市场的强劲竞争力从以下两个方面可以窥见一斑。

PPP项目。据统计,截止到2019年底,全国生态环境PPP入库项目共成交1688个,总投资规模达11540.97亿元。其中国有企业中标项目投资规模达到7490.60亿元,占比64.9%;项目数量为866个,占比51.3%。民营企业投资规模为3572.16亿元,占比31%;项目数量765个,占比45.3%。国有企业单个项目的体量为8.65亿元,明显高于民营企业的4.67亿元。外资企业(外资独资或控股,含港澳台)成交项目规模较小、数量较少。

中国环境企业的排行榜。2019年发布的《2019中国环境企业50强榜单》显示:排名前10的环保企业中,民营企业仅1家,占比10%,8家为国企控股企业,1家有国资入股;排名前20的企业中,民营企业只有2家(盈峰环境和岭南股份),占比10%,15家为国企控股企业,3家有国资入股;排名前50的企业中,民营企业11家,占比22%,32家为国企控股企业,7家有国资入股。如表1-17所示。这一结果与2018年相比,国企、民企的数量从2018年的基本持平,变为2019年国企独占鳌头。在营收上,2018年前10名企业的营收总额约为1581亿元;前20名企业的营收总额约为2298亿元;前50名企业的营收总额约3300亿元。其中启迪桑德、首创股份首破百亿元,葛洲坝集团以1068.07亿元营收位居榜首,它是唯一一家营收超过千亿元的企业。

表1-17　2019中国环境企业TOP20

排　名	企业名称	控股股东	性　质	2018年营收(亿元)
1	中国光大国际有限公司	中国光大集团	国企	378.58(港元)
2	北控水务集团有限公司	北京控股集团有限公司	国企	128.29(港元)
3	葛洲坝集团	葛洲坝集团	国企	194.29
4	北京三聚环保	北京海淀科技	国企	153.81
5	格林美股份有限公司	深圳市汇丰源投资有限公司	民企(国资入股)	138.78
6	北京东方园林	北京朝汇鑫	国企	132.93
7	盈峰环境	盈峰投资控股集团	民企	130.45
8	北京首创股份有限公司	首控集团	国企	102.47
9	北京碧水源	中国城乡控股集团	国企	115.18
10	启迪桑德环境	清华控股	国企	109.94
11	福建龙净环保股份有限公司	龙净实业集团	民企(国资入股)	94.02
12	北京城市排水集团	北京市政府	国企	—
13	大唐环境产业集团	大唐集团	国企	85.88
14	深圳市铁汉生态环境	刘水	民企(国资入股)	77.49
15	岭南生态文旅股份有限公司	尹洪卫	民企	88.43

续表

排　名	企业名称	控股股东	性　质	2018年营收（亿元）
16	中国光大绿色环保有限公司	中国光大集团	国企	92.8（港元）
17	云南水务投资股份有限公司	云南省城投集团	国企	62.56
18	上海实业环境控股有限公司	上海城投	国企	25,82
19	重庆水务集团股份有限公司	重庆德润环境	国企	51.71
20	瀚蓝环境股份有限公司	佛山市南海供水集团	国企	48.48

3. 产业集群化规模分析

环保产业是技术含量高、资金投入大和社会公益性强的新兴产业，因此，在发展中需要形成合力，形成产业化发展，并在技术和附加值上进行区域外延，达到经济补偿功能，促进区域经济的发展。2016年国务院印发《"十三五"国家战略性新兴产业发展规划》，明确要求节能环保、新能源等战略新兴产业要培育新业态、新模式，发展特色产业集群，带动区域经济转型和发展。据统计，2019年我国"三新"经济增加值为161927亿元，同比增长0.2%，其增速为9.3%，比同期GDP增速高1.5%。其中，第一、二、三产业增加值分别为6685亿元、70443亿元和84799亿元，相当于GDP的比重为0.7%、7.1%和8.6%。[①]

1992年，宜兴环保科技工业园成为第一个国家级环保产业基地；2015年，我国已经设立国家级环保产业园区19家，其中江苏就有4家。产业园的主要分布呈现"一带一轴"特征："一带"是"沿海发展带"，主要是环渤海、长三角、珠三角三大核心区域的产业集群；"一

---

① 数据来源：国家统计局统计数据。

轴"是"沿江发展轴",沿长江带集群发展,主要是从上海至四川的沿江中部省份。①环保产业园的发展主要划分为三个时期:20世纪90年代为探索建设发展期,其主要业务是以水处理产业为主;21世纪的前十年为快速建设期,主要以水汽、固产学研一体化综合发展,如盐城环保产业园;2011年至今为高标准节能环保产业园建设期,主要发展节能产品、绿色清洁能源等,如贵州节能环保产业园等。作为第一家国字头的环保产业园,宜兴环保科技工业园经过40多年的产业积淀和发展,现已是国内唯一以环保为主的高新技术开发区,具有优良的品牌、科研和政策优势。园区内聚焦了1700多家环保设备生产企业、3000多家配套企业,与80多所高校合作研发技术和培育人才;涉及7个大类、200多个系列,是我国环保企业最集中、产品最齐全、技术最密集、产业集群最大的地区。2019年,青岛环保产业园的绿天使环保创业园获批国家级科技企业孵化器。

除了国家级产业集群,全国各地的环保产业不断推动产业园集群模式发展。2017年,新开建的环保产业园就有5家:烟台国际节能环保科技园、无锡梁溪环保物联网产业园、武汉智慧城市国际环保产业园、博天环境大冶环保产业园和佛山市顺德环保科技产业园。在地区上,环渤海地区产业园数量众多,具有一定的产业基础;在长三角地区,江苏省的产业园数量众多,门类齐全。浙江省59.8%的节能环保企业和65.7%的总产值是由嘉兴、杭州、绍兴、宁波等4市贡献的,产业园区蓬勃发展,目前已形成以杭州和宁波为核心的产业集群;珠三角地区的环保产业园主要是以环境服务为主,如广东的环保产业综合服务平台,主攻技术和产品的研发。

随着京津冀一体化发展和长三角一体化发展两个国家级战略规

① 政策利好释放市场需求[EB/OL].https://www.cenews.com.cn/pollution_ctr/201710/t20171017_854272.html,2017-10-17.

划的全面推进,以及长江、黄河流域生态环境的治理等,环保产业的跨区域集群化发展进一步深入。2020年6月6日,长三角区域大气污染防治协作小组第九次工作会议暨长三角区域水污染防治协作小组第六次工作会议在浙江湖州召开。李克强总理要求在体制、机制协同下把污染防治协作做深做实,推进生态环境标准、监测和执法"三统一",共同把一体化示范区打造成为生态环境治理的新标杆。

4. 产业的创新能力分析

"十二五"期间,7家国家环境保护重点实验室和7家工程技术中心通过验收,批准建设15家重点实验室和18家工程技术中心;309所中国高校本科专业开设环境工程专业,较2010年同比增长了166%;环保科技人才总量同比增长50%以上;制定、修订国家环保标准600多项;完成30项重点行业污染防治技术政策、30项污染防治最佳可行技术指南和40项工程技术规范及在重点地区行业实行特别排放限值,较"十一五"期间增长19.5%。

"十二五"末期较"十一五"末期相比,通过验收的国家环境保护重点实验室数量增长50%,通过验收的国家环境保护工程技术中心数量增长58.3%。

在知识产权方面,我国专利申请量已超过美、德、日等发达国家,2011—2013年,节能环保产业专利授权量总计58000项,其中2011年为15000项,2012年为20000项,2013年为23000项;节能环保产业5年专利授权总量占七大战略性新兴产业合计量的19.95%。其中,在固废领域技术和城市污水领域应用创新位居全球首位;土壤重金属污染修复技术主要在日本、中国和美国,专利申请量分别占全部专利的35.2%、30.0%和11.3%。

从国家知识产权局搜索"环保产业",设定公开日为2018—2019年,自动识别专利1409项。如图1-12所示。

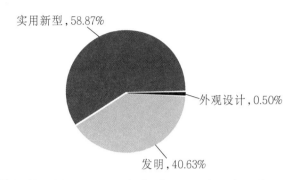

图1-12 2018—2019年专利公开日专利类型统计分析

5. 产业新兴领域发展分析

随着环保产业的发展、细分行业的政策加持,我国环保产业的结构已经趋于完善,特别是随着绿色经济发展的深入,清洁能源、绿色产品和技术等将是环保产业的重点发展领域。

2018年,我国快递业务量突破500亿件,如此多的快递所产生的垃圾,在特大城市占生活垃圾增量的93%,在部分大型城市占85%—90%。为减少快递垃圾,快递业已共享快递盒,使用启动电子面单和电子发票等,电子面单普及率提升到92%,每年至少可节约传统纸质面单314亿张。而作为数字经济强省的浙江,运用数字化的知识和信息为关键生态要素,在传统行业大力推广"互联网+环保"监管,形成能源互联网、智能电网和"互联网+回收"的再生资源经营模式。在新能源的开发和应用上,浙江也是优等生,位居全国前列,其风电、光伏、核电、新能源汽车等领域的发展,在国际市场上已具有一定的国际影响力和竞争力;在环保服务上,浙江也是风生水起,2011—2017年全省环境服务业营收平均增速为28.6%,产值位列全国第四,并且已覆盖工业废水、废气和生活污水处理、环境自动连续监测设施运营等领域。

5G技术的发展,将催生出绿色环保"新基建",更好地推动传统经济转型,发展绿色产业。如运输、电力、供水、排污、生态环境等各个方面的基础产业和公共设施,都需要智能化、数字化生产和监管。"互联网+节能环保产业"的智慧环保,将促进我国环保产业进入一个新的生命周期。

参考文献

[1]方时姣.绿色经济思想的历史与现实纵深论[J].马克思主义研究,2010(6):59.

[2]胡莹莹.循环经济产生和发展的经济学基础[J].中国集体经济,2020(10):60-61.

[3]彭博.英国低碳经济发展经验及其对我国的启示[J].经济研究参考,2013(44):70-76.

[4]杨朝峰,赵志耘.主要国家低碳经济发展战略[J].全球科技经济瞭望,2013(12):35-43.

[5]卢晨阳,常欣.德国绿色经济的发展及原因探析[J].兰州教育学院学报,2019,35(3):99-101.

[6]杨帆,朱沁夫.德国绿色产业发展政策与成效[N].中国社会科学报,2019-02-25.

[7]乐欢.美国能源政策研究[D].武汉:武汉大学,2014.

[8]杜宝贵,朱若男.从尼克松到特朗普——美国50年"能源独立"政策的演进路径分析[J].科学与管理,2018,38(1):50-55.

[9]雷英杰.大整合与大洗牌之下,环保产业新格局现雏形——国企扛投资大旗,民企专注细分领域[J].环境经济,2020(Z2):15-16.

[10]裴璡.国外环保产业政策及其借鉴[J].政策瞭望,2015(8):51-52.

[11]洪翩翩.环保产业新周期下:外企、民企、国企重塑新一轮环保产

业格局[J].环境经济,2020(1):36-39.

[12]徐幸.做强做大浙江节能环保产业[J].浙江经济,2019(23): 8-9.

[13]王焱,段惠元.环保产业园发展路径探索——以南京江南环保产业园为例[J].再生资源与环境经济,2019,9(5):8-13.

[14]张车伟,邓促良.探索"两山理念"推动经济转型升级的产业路径——关于我国"生态+大健康"产业的思考[J].东岳论丛,2019(6):34-41.

[15]王东歌.燃煤电厂湿式电除尘器研究与工程实践[D].南京:南京信息工程大学,2016.

[16]徐嵩龄.世界环保产业发展透视:兼谈对中国的政策思考[J].管理世界,1997(4):177-187.

[17]向吉英.产业成长及其阶段特征——基于"S"型曲线的分析[J].学术论坛,2007(5):83-87.

[18]周传斌.德国日本等国家将RFID技术融入固废处理领域[EB/OL].2019-10-21.https://www.huanbao-world.com/foreign/131794.html.

[19]四类工业废气治理方法:有机、酸雾、熔炉、油烟等废气[EB/OL].2019-09-10.https://www.huanbao-world.com/a/tltuoxiao/111772.html.

[20]土壤治理哪国强?盘点一下7个国家关于土壤治理的相关政策[EB/OL].2018-11-01.https://www.huanbao-world.com/a/turangxiufu/2018/1031/53748.html.

[21]数字化修复矿山,越来越被重视![EB/OL].2019-10-08.https://www.huanbao-world.com/a/turangxiufu/2019/1008/122472.html.

［22］陈春花.经此疫情危机,企业必须做出五个变革［J］.风流一代,

　　2020(9):34-35.

［23］周全,董战峰,杨昭林,等.绿色经济发展的国际经验及启示［J］.

　　环境经济,2020(6):56-61.

［24］赵燕.法国绿色经济和绿色生活方式解析［J］.社会科学家,2018

　　(9):49-55.

［25］2019 年水污染治理行业发展评述和 2020 年发展展望［EB/

　　OL］.2020 - 01 - 06.http://www.caepi.org.cn/epasp/website/

　　webgl/webglController/view?xh=1578273384700037601280.

［26］2019 年电除尘行业发展评述和 2020 年发展展望［EB/OL］.2020-

　　01-08.http://www.fyepb.cn/news/qita/175670.html.

［27］2019 年修复行业发展评述和 2020 年发展展望［EB/OL］.2020-

　　01-14.http://www.caepi.org.cn/epasp/website/webgl/webgl

　　Controller/view?xh=1578963808360050667520.

［28］2019 年冶金环保行业发展评述和 2020 年发展展望［EB/OL］.

　　2020-01-22.http://www.caepi.org.cn/epasp/website/webgl/

　　webglController/view?xh=1579653495272124936192.

［29］2019 年环境监测行业发展评述和 2020 年发展展望［EB/OL］.

　　2020-01-17.http://www.caepi.org.cn/epasp/website/webgl/

　　webglController/view?xh=1579225929871035495936.

第二章

"绿水青山就是金山银山"理念下的环保实践——浙江生态文明建设

浙江是"绿水青山就是金山银山"理念的诞生地,也是习近平生态思想的重要萌芽地。"绿水青山就是金山银山"理念已成为全党全社会的共识和行动,鼓励发展绿色环保产业,实现资源节约集约和回收再利用,将生态效益更好地转化为经济效益、社会效益,实现人们对"蓝天、碧水、净土"的心之向往。经过 15 年实践,浙江的生态文明建设已率先步入快车道。"绿水青山就是金山银山"让千万个余村走出了一条生态美、产业兴、百姓富的康庄大道,既要了绿水青山,又赢得了金山银山。

一、生态文明建设成效

浙江的生态文明建设起步于"绿色浙江",经历"生态浙江",再到"美丽浙江"。在这个过程中,浙江始终坚持一以贯之地推进"两美"浙江建设和长江经济带生态建设,不断加大生态环保投资,全面推进"千村示范、万村整治""百亿生态环境建设工程"等一系列工程以及"811"美丽浙江建设行动。2018 年,浙江省的"千万工程"获联合国环境规划署授予的"地球卫士奖";2019 年,浙江省深入贯彻习近平总书记生态文明思想,高标准打好污染防治攻坚战,在全国 16 个试点省份中首个通过生态省建设验收,并成功举办世界环境日全球主场活动。

(一)生态环境质量

2019 年,浙江省地表水总体水质为优,Ⅰ—Ⅲ类标准断面的地表水质量为 91.4%,与上一年相比上升 6.8 个百分点,八大水系和京杭运河水质均为Ⅰ—Ⅲ类。如图 2-1 所示。地下水质量保持稳定;饮用水源水质除嘉兴外 10 个地市的水质优良,达标率为 100%,嘉兴为 62.5%。大气质量方面,宁波、温州、金华、衢州、舟山、台州和丽水 7 个地市环境质量达到国家二级标准。近岸海域环境总体情况良好,呈现中度富氧化状态,Ⅰ—Ⅱ类海水占比 41.4%,比上年上升 1.8 个百分点;Ⅲ类海水占比 1.9%,比上年下降 15.7 个百分点;Ⅳ类和劣Ⅳ类海水比上年上升 13.9 个百分点,占比 56.7%。全省 11 个地市区域声环境平均等效声级在 51.5—56.8 分贝之间,平均为 54.4 分贝。从声源来看,生活噪声源占 54.3%,交通噪声源占 30.8%,工业噪声源占 7.1%,建筑施工噪声源占 3.7%,其他噪声源占 4.1%。如图 2-2 所示。自然生态环境等级为优,县域优等级 58 个,面积占比 83.45%;良 30 个,面积占比 16.52%;一般 1 个,面积占比 0.03%。大气中污染物分布情况如表 2-1 所示。

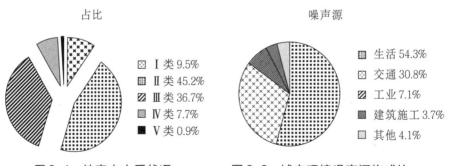

图 2-1 地表水水质状况   图 2-2 城市环境噪声源构成比

表2-1 大气中污染物分布情况

污染物	平均浓度 （$\mu g/m^3$）	增 长 （%）	达标情况
细颗粒物	29	-3.1	国家二级标准
可吸入颗粒物	53	0	国家二级标准
二氧化硫	7	-12.5	国家一级标准
二氧化氮	31	3.3	国家一级标准
一氧化碳	1.0	-9.1	国家一级标准
臭氧	154	5.5	国家二级标准

（二）"三废"的排放与处理

2017年,浙江省的工业废气排放总量为31310亿标立方米,其中二氧化硫、氮氧化物和烟（粉）尘的排放总量分别为18.1万吨、20.6万吨和12.9万吨,与上一年相比,均出现下降;废水的排放总量为453935万吨,其中工业、城镇生活及其他和集中式治理设施污水排放总量分别为122917万吨、330264万吨和754万吨,与上一年相比,均出现下降;固体废物的产生量、综合利用量、贮存量及处置量,与上一年相比,均呈现增长。2013—2017年"三废"的排放与处置情况如表2-2所示。其中,2013—2017年浙江省二氧化硫、氮氧化物、烟（粉）尘的排放对比如图2-3所示,2013—2017年浙江省工业排废和城镇生活及其他排放总量对比如图2-4所示,2013—2017年浙江省固体废物产生量、利用量、贮存量、处置量对比如图2-5所示。

表2-2 2013—2017年"三废"的排放与处置情况

类 别	2017	2016	2015	2014	2013
工业废气排放总量（亿标立方米）	31310	22185	26841	26958	24565
二氧化硫排放总量（万吨）	18.1	24.5	52.4	56	57.9
氮氧化物排放量（万吨）	20.6	23.2	45.9	51.9	57.3
烟（粉）尘排放总量（万吨）	12.9	16.3	31.1	35.9	29.7
废水排放总量（万吨）	453935	430857	433822	418262	419120
工业排放总量（万吨）	122917	129913	147353	149380	163674
城镇生活及其他排放总量（万吨）	330264	300216	285847	268360	254972
集中式治理设施污水排放总量（万吨）	754	728	622	521	474
工业固体废物产生量（万吨）	4828	4496	4678	4700	4404
工业固体废物综合利用量（万吨）	4365	4040	4338	4365	4123
工业固体废物贮存量（万吨）	79.2	40.1	43.7	52.6	53.8
工业固体废物综合利用率（%）	89.85	89.34	92.55	92.75	93.24
工业固体废物处置量（万吨）	460	459	312	295	248

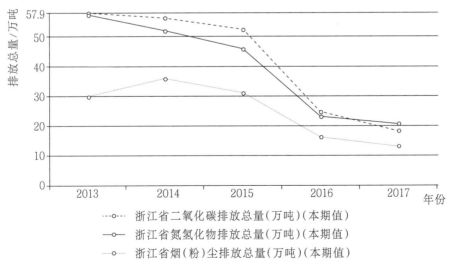

图2-3 2013—2017年浙江省二氧化硫、氮氧化物、烟（粉）尘的排放对比

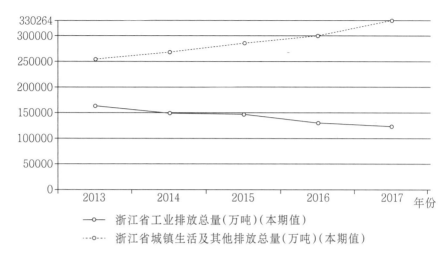

图2-4 2013—2017年浙江省工业排废和城镇生活及其他排放总量对比

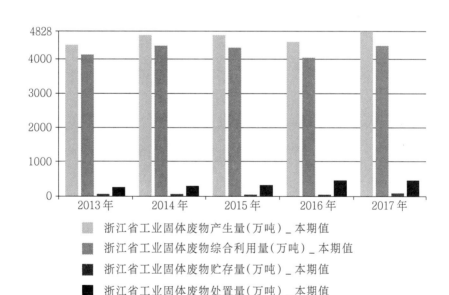

图2-5 2013—2017年浙江省固体废物产生量、利用量、贮存量、处置量对比

(三)美丽乡村建设

2005年,昔日依靠矿山、水泥厂和化工厂创造财富的安吉余村,开启了"绿水青山就是金山银山"的发展之路,关停了村内所有污染

环境的企业,主动开展矿山复绿,走上了康庄大道,让粉尘蔽日的乡村发展为闻名遐迩的旅游度假村,这是"绿水青山就是金山银山"理念在浙江实践的鲜活样本。

据统计,2018年,全省培育创建100个美丽乡村示范乡镇、300个特色精品村、200个农村生活垃圾分类示范村。全域内农村生活垃圾分类处理建制村覆盖率61.0%,垃圾回收利用率32.1%,资源化利用率82.3%,无害化处理率99%,畜禽粪污综合利用率88%。

(四)能效利用情况

2018年,全省能源消费总量2.17亿吨,比1990年增长6.9倍。受区域性地质资源限制,能源消费总量中一次能源占比约为10%,生产活动和居民生活用能主要依靠二次能源生产。2018年,火力发电量2589亿度,而1949年仅为0.59亿度。在能源消费较快增长的同时,利用效率显著提升,消费结构明显优化。2018年,万元GDP能耗0.4吨标准煤(2015价),比1990年下降约66.7%,"十一五"以来均顺利完成国家下达的目标任务,能源利用效率居全国前列;煤炭等化石能源消费比重逐步下降,清洁能源消费比重稳步上升,其中,煤品燃料消费占比47.4%,比2005年下降约11.5个百分点,天然气消费从无到有,成为主要能源品种之一,占能源消费比重为7.5%,水电、核电、太阳能光伏发电等一次电力占比达11.1%。

浙江的环境治理成效显著,"美丽大花园"催生城乡的蝶变,乡村人居环境领先全国,美丽浙江阔步向前。这离不开浙江敢于勇立潮头,制定并落实生态环境保护措施与行动。

二、生态环境保护法规政策

2002 年年底，浙江省做出建设生态省的重大战略决策。自 2003 年以来，浙江出台和制定了一系列环保政策和法规，在蓝天、碧水、净土、清废行动中屡开先河。随着数字经济的强劲发展，浙江省环境治理监管也走在了全国前列，并受到生态环境部的表扬。2003 年率先出台《关于进一步加强环境污染整治工作的意见》，在全省范围内全面推动清洁生产，开循环发展的先河之后，在大气污染防治、核电辐射、野生动物、森林管理、建筑节能、城市环境及水资源等方面，制定和修订了多部法规规章。在地方性生态环保法规政策的出台和实施上，浙江一直走在全国前列。很早确立了"三线一单"：生态保护红线、环境质量底线、资源利用上线和生态环境准入清单；率先启动环境保护的有偿机制、跨省域的生态补偿机制；打通生态与经济的转化通道。"五水共治"的治理体系、"千村示范、万村整治"工程、特色小镇的建设等无不彰显浙江的生态变革力量，执政和发展中无不体现"生态"二字。如表 2-3 所示。

在财政支持方面，2003—2018 年，生态保护和环境治理业累计投资 1548 亿元，2004—2018 年年均增长 12.5%。2019 年，浙江省公共预算支出 10053 亿元，增长 16.5%，其中节能环保支出增长 38.4%。另外，省级财政安排各类生态环保补助资金 245.33 亿元，比上年增长 6.25%。对上年在落实重大政策、污染防治攻坚战中取得明显成效的杭州、宁波及衢州进行奖励。争取到中央环保专项资金 20.55 亿元，重点支持全省水、气、土壤污染防治和中央重点生态保护修复治理等项目。

表2-3　浙江省污染防治攻坚战政策保障

净土	经省政府同意,省美丽浙江建设领导小组土壤和固体废物污染防治办公室向各设区市政府通报了2017年度土壤污染防治工作考核结果,标志着浙江省成为全国第一个治土工作省对市考核的省份;2018年3月14日出台《浙江省污染地块开发利用监督管理暂行办法》,明确了污染地块开发利用的调查评估和治理修复制度,建立了各部门的联动机制;2019年2月26日形成农用地土壤污染状况详查成果集成报告,在全国第一个通过国家专家评审,标志着浙江在全国率先完成农用地土壤污染状况详查;2019年7月5日生态环境部在浙江省台州市召开了全国土壤污染防治经验交流及现场推进会,标志着浙江省土壤污染防治和台州市先行区建设走在了全国前列
碧水	2016年4月6日印发《浙江省水污染防治行动》;2017年7月28日省十二届人大常委会第四十三次会议审议通过了《浙江省河长制规定》,为全国首个河长制地方性法规;2018年1月18日印发实施《浙江省近岸海域污染防治实施方案》;2019年4月8日印发《杭州湾污染综合治理攻坚战实施方案》;2019年7月11日全省"污水零直排区"建设现场会在义乌召开
清废	2018年8月24日印发《浙江省清废行动实施方案》,全面系统部署了全省固体废物污染防治工作任务;2019年1月11日印发《关于进一步加强工业固体废物环境管理的通知》,健全完善了工业固体废物全过程管理的制度体系;2019.11.18下发《浙江省工业固体废物专项整治行动方案》,标志着浙江省初步完成了固体废物管理制度的建设;2019年12月31日下发《关于进一步加强实验室废物处置监管工作的通知》,率先全面厘清了实验室废物管理责任;2020年2月6日《浙江省全域"无废城市"建设工作方案》出台,到2023年完成全域"无废城市",成为全国首个省级政府层面部署开展"无废城市"建设的省份
蓝天	2018年4月28日召开全省打赢蓝天保卫战工作现场会;2018年9月25日省政府印发《浙江省打赢蓝天保卫战三年行动计划》;2019年3月29日省政府办公厅印发《浙江省重污染天气应急预案的通知》;2019年4月18日省政府办公厅印发《浙江省柴油货车污染治理攻坚战行动计划》;2019年5月17日四部门联合发布《关于实施国家第六阶段机动车排放标准的通知》;2020年7月1日全面执行国家排放标准大气污染物特别排放限值
监管	2019年7月1日浙江省行政执法监管平台全面推广应用,开启全国"互联网+监管"系统建设的领跑;2020年1月21日发布《浙江省企业环境信用评价管理办法(试行)》,将六类企业纳入环境信用评价范围并划分信用等级;2020年6月12日浙江省政府第四十五次常务会议,审议《关于加快推进环境治理体系和治理能力现代化的意见》,推进绿色发展和全域美丽大花园的建设;2020年5月23日发布《浙江省"三线一单"生态环境分区管控方案》,发挥生态环境引导功能,调整产业结构和空间布局

三、环境治理到生态文明建设的创新[①]

(一)建设理念的提升:"绿色浙江""生态浙江""美丽浙江"三部曲

　　浙江的生态文明建设发展分为"绿色浙江""生态浙江"和"美丽浙江"三个篇章。20世纪80年代,生态环境的恶化使得缺乏资源的浙江,走上绿色发展的道路,取得了浙江经济发展和生态文明建设的

---

① 苏小明.生态文明制度建设的浙江实践与创新[J].观察与思考,2014(4):54-59.

巨大成就。

1. 绿色浙江

紧跟国家绿色发展的步伐,紧随世界绿色发展潮流,浙江站在了实现现代化战略的制高点谋划和部署绿色发展之道。2002年9月,浙江省政府印发《浙江可持续发展规划纲要——中国21世纪议程浙江行动计划》,要求从浙江实际出发,围绕省第十一次党代会提出的"绿色浙江"的重大战略决策,建设"绿色浙江"。在省委十一届二次全体(扩大)会议上,时任浙江省委书记的习近平同志提出"'绿色浙江'的建设,要以建设生态省为主要载体",随后召开首次生态省建设工作协调会议。2003年1月,"绿色浙江"建设迈向了新台阶,浙江成为全国第五个生态省建设的试点省;3月《浙江生态省建设规划纲要》通过专家论证;5月,省委、省政府成立"浙江生态省建设工作领导小组";6月,发布《关于建设生态省的决定》;7月,提出浙江绿色发展的总纲"八八战略"——"八个优势、八项举措";8月,印发《浙江生态省建设规划纲要》,浙江全面打响创建生态省的建设战,打造"绿色浙江"。2006年6月,安吉成为全国第一个生态县,《浙江生态省建设规划纲要》获得通过。

2. 生态浙江

随着国家生态文明建设的提出,沿着"绿色浙江"建设的轨迹,浙江对绿色发展提出了更高的标准和要求,加大力度谋划和部署生态文明建设,打造"生态浙江"。2007年,将生态文明纳入全面建设小康社会的重要目标,并通过《关于认真贯彻党的十七大精神扎实推进创业富民创新强省的决定》,要求重点发展具有先导作用的信息、生物、新材料和新能源等产业;全面加强资源节约和环境保护,以此作为转变经济发展方式的突破口,实现经济与生态的融合发展。

2008—2010年是"生态浙江"建设的行动期,实施"资源节约与环境保护行动计划"等一系列体制改革及试点工作,把生态文明建设作为全面改善民生工作和改革发展的重要内容,落在实处,干在实处。2010年6月省委十二届七次全会通过《关于推进生态文明建设的决定》;9月,省十一届人大常委会第二十次会议决定,设立每年6月30日为浙江生态日,此举旨在调动全民参与生态文明建设的积极性;12月,印发《浙江省美丽乡村建设行动计划(2011—2015年)》,在全国率先开展美丽乡村建设。2012年,省第十三次党代会提出加快建设"生态浙江"。这些为浙江推进生态文明建设提供了政策支撑和行动纲领。

3. 美丽浙江

2013年,省委十三届二次会议提出加快建设美丽浙江,开启"美丽浙江"建设。2014年,省委十三届五次全会通过《关于建设美丽浙江创造美好生活的决定》,重点推进"五水共治"的环境综合治理,推行绿色建筑和低碳交通以及节能环保领域先进成熟技术成果转化和推广应用,加强知识产权保护等,努力实现天蓝、水清、山绿、地净的"诗画浙江"。2017年6月,省第十四次党代会明确要求,深入践行"绿水青山就是金山银山"发展理念,大力建设具有诗画江南韵味的美丽城乡,把省域建成"大花园";7月,省委、省政府印发《浙江省生态文明体制改革总体方案》,浙江生态文明建设进入全面提升与制度化阶段。在"八八战略"的指引下,"美丽浙江"建设阔步向前。

2018年5月,印发《浙江省生态文明示范创建行动计划》,要求"更高水平推进美丽浙江建设和生态文明示范创建,继续当好美丽中国示范区的排头兵",提出"到2022年,各项生态环境建设指标处于全国前列,成为实践习近平生态文明思想和美丽中国的示范区"的总目标,主要从水、气、土、固废、生态保护和绿色生产生活六个方面进行约束达标。2020年6月,编制发布《浙江省"三线一单"生态环境分区管控方案》,建立以生态保护红线、环境质量底线、资源利用上线和生态环境准入清单为核心的生态环境分区管控体系;率先部署开展全域"无废城市"建设,具体、精准落实"美丽浙江"建设行动。随着生态省的建成,浙江省将着手编制实施新时代美丽浙江建设规划纲要,高水平统筹推进生态文明示范创建、污染防治等一系列工作,努力把"浙江建设成为展示习近平生态文明思想和美丽中国建设成果的重要窗口"。

从"绿色"到"生态"再到"美丽"的演变和创新,完美诠释了浙江生态文明建设的伟大生命历程,完成了浙江绿色发展的美丽蝶变。

(二)治理机制的推进:四轮"811"专项行动的环境治理到"两美"理念

"811",它将浙江环境治理的一个专项符号发展成为今天环保工作的金字招牌。

1."811"环境污染整治三年行动(2004—2007年)

2004年10月,为创建生态省,打造"绿色浙江",浙江省政府决定在全省开展为期三年的"811"环境污染整治行动。这里的"8"是指8大水系和8个重点行业,"11"是指11个地市区的11个环保重点监管区,突出在8大水系、11个地市区的化工、医药、制革等8个重点污染行业的11个环保重点监管区进行环境治理,涉及573家省级环境保护重点监管企业及27家钱塘江流域重点污染源企业,要求完成"两个基本、两个率先"目标。2005年,浙江省把环境污染整治工作纳入各级政府部门和党政干部政绩的责任考核体系,实行生态环保"一票否决"的评优制度。经过三年的攻坚克难,取得斐然成绩:两个基本问题得到解决,完成两个率先目标——建成县以上城市污水、生活垃圾集中处理设施和环境质量、重点污染源自动监控网络。

2."811"环境保护新三年行动(2008—2010年)

为巩固第一轮环境治理成果,推进"生态浙江"建设,2008年在全省开展新一轮"811"环境保护行动。与首轮相比,新一轮的"811"行动在环境治理的成果上走向纵深化,但"8"与"11"的内涵更为丰富。"8"是指环境整治问题的8个工作目标,也指要着力抓好8个方面任务。"11",既指省级督办的11个重点环境问题,也指要落实11项保障措施。目标从"两个基本、两个率先"转向"一个确保、一个基本、两个领先",即确保完成"十一五"环保规划目标,基本解决突出问题,环境保护能力和生态环境质量全国领先。到2010年年底,第二轮"811"行动圆满结束,经过三年的环境整治,浙江省的污染防治工作从点到面铺开,从重点防治工业污染转向工农业及生活污染的全面防治,基本实现了此轮行动的既定目标。

3. "811"生态文明建设推进五年行动(2011—2015年)

经过前两轮"811"专项行动的实施,浙江省生态环境保护工作成效显著。2010年6月,浙江省通过《关于推进生态文明建设的决定》开展为期5年的"811"生态文明建设推进行动。同年,出台《浙江省大气复合污染立体监测网络建设规划》,投入1.6亿元新建、改造171个大气监测站点。2011年4月,颁布的《"811"生态文明建设推进行动方案》,要求培育生态文化,调整优化产业结构,构建资源节约型、环境友好型社会。同年5月,浙江省委、省政府召开"811"生态文明建设推进行动电视电话会议。"811"行动已从全面推进环保转为立体推进生态文明建设。

2012年5月,浙江省生态办制定了"811"生态文明建设推进行动六大机制,从组织协调、指导服务、督办、考核激励、全民参与和宣传教育六个方面形成制度化、规范化和常态化的机制,以确保行动方案的落实。另外,在财政资金的支持上,分别投入70亿元、14亿元、250亿元用于城市污水、生活垃圾处理设施和清水河道的疏通截污等工程;实施总投资额达到428亿元的"百亿生态环境建设工程"。

经过 5 年的实战,完成一系列成果:3500 个村、200 万农村居民饮用水安全,1500 千米的污水管网及 100 个重点循环经济、污染防治项目……经济发展能力与资源环境的承载能力更具匹配性,生态文明建设和生态省建设继续保持全国领先,实现"富饶秀美、和谐安康"的生态浙江。

4. "811"美丽浙江建设行动(2016—2020 年)

历经 11 年,三轮"811"行动使浙江的绿色发展之路越走越宽。2016 年 7 月,浙江省出台《"811"美丽浙江建设行动方案》,使人们对美好生活的期许越来越近了。

新一轮的"811"行动为期 5 年,通过 11 个专项行动,实现 8 个方面主要目标,内容在前三轮的基础上传承与创新,内涵更加丰富,范围更加广阔。绿色经济的培育、生态文化培育、制度创新和"两美"概念,均是首次被写入"811"行动。而这一轮的"811"行动,也是具体落实 2014 年 5 月浙江省政府发布的《关于建设美丽浙江创造美好生活的决定》,并且与"十三五"规划的时间相衔接,保证了各项工作能够合力推进。

四轮"811"行动,在实践中不断传承与创新,将单纯的环境治理上升到了"两美"建设,把生态概念从生产生活延伸到了文化理念之上,赋予"8"和"11"在不同时期不同的内涵和生命力,推动浙江的治理机制的不断完善和成熟,使得浙江的环保工作稳定向前,经济良性循环发展,人民生活幸福安康。

(三)市场机制的运用:多个"第一"成就变革的担当

生态文明建设理念的提升和机制的推进,促使环境治理在制度上不断创新,开展多个首创和率先,以推进生态文明建设走深走实。

1. 第一个实行水权交易机制

水资源整体比较丰富的浙江，因水而名、因水而兴、因水而美，但也会因水而忧，因为地区之间的丰歉大相径庭，水污染带来一系列问题。2000年11月24日，金华东阳和义乌两市政府签署用水权转让协议，根据协议转让每年4999.9万立方米水的使用权，一次性支付费用2亿元，转让后的水库原所有权和运行维护管理权不变。这份协议开创了我国水权制度改革的先河，因为它打破了传统的指令型行政分配水权制度。

水权交易通过市场机制作用，提高了我国水资源的利用效率，优化了水资源的配置，是一种理论与实践的重大突破。

2. 第一个实施排污权有偿使用和交易制度

排污权有偿使用和交易制度也是通过发挥市场机制作用，控制污染物排放总量，是污染物减排中的重要制度。

2002年，嘉兴市试点排污权有偿使用和交易制度。2007年，嘉兴市建立全国首个排污权交易平台——排污权储备交易中心，开创了排污交易的先河。2009年，浙江省被正式批复为排污权试点，于当年7月发布《关于开展排污权有偿使用和交易试点工作的指导意见》，划定试点范围，制定政策，建立交易平台等。2010年发布《浙江省排污权有偿使用和交易试点工作暂行办法》，在全省范围内全面启动排污交易试点工作，这标志着浙江彻底告别无偿使用环境资源、随意排放污染物的历史。

据统计，截至2018年年底，全省共出台181个政策文件，在全国试点中排污权政策体系最全，实现区域"四项主要污染物"和"重点工业排污单位"全覆盖，并建立省市县三级排污权交易机构。[1]

---

[1] 浙江省排污权交易市场进展解析及政策建议[EB/OL].http://www.tanpaifang.com/paiwuquanjiaoyi/2019/08/2865370_2.html,2019-08-28.

3. 第一个实施生态保护补偿机制

建立和完善生态补偿机制,是通过市场手段统筹区域协调发展,能有效保护资源环境。

浙江省在 2000 年就已经建立森林生态效益补偿基金制度;2002年,对矿产资源开征补偿费和水资源费;2005 年建立和完善生态补偿机制,出台《关于进一步完善生态补偿机制的若干意见》,推进生态省建设;2008 年出台了《浙江省生态环保财力转移支付试行办法》,成为全国第一个实施省内全流域生态补偿的省份,并在 5 月份被列为首批生态环境补偿试点地区。2012 年启动实施全国首个跨省生态保护补偿试点——新安江—千岛湖。2019 年 3 月印发《2019 年全省生态环境工作要点》,深化新安江—千岛湖生态补偿试点。经过多年实践探索,浙江省的生态补偿机制已实现从单一的补偿拓展到补偿与赔偿相结合、区域内拓展到区域间的补偿。

2019 年,省财政对单位生产总值能耗上升的 14 个市县扣罚 0.77亿元,对能耗下降的 49 个市县奖励 1.08 亿元。作为浙江实施绿色发展奖补机制的重点县和钱塘江源头的开化,获得绿色发展财政奖补4.7 亿元,其中光出境水水质奖补一项,就拿到 1.4 亿元。

4. 第一个编制生态环境功能区

2008 年,为加强生态环境保护与建设、区域生态安全和经济的可持续发展,浙江省整合各市、县域的资源环境禀赋和环境承载力,全面实行生态环境功能区规划,将各个区域分为重点、优化、限制和禁止准入区。2014 年 11 月,浙江省发布《关于全面编制实施环境功能区划加强生态环境空间控制的若干意见》,提升环境功能区的空间管制效力和加强管控措施及审批调整管理。2016 年,浙江 11 个县市被纳入国家重点生态功能区名单,分别为淳安县、文成县、泰顺县、磐安县、常山县、开化县、龙泉市、遂昌县、云和县、庆元县、景宁畲族自治县。

5. 第一个实行新型环境准入制度

新型环境准入制度是从源头控制污染的重要管理制度，是预防环境污染和生态破坏的第一道防线。

2008年，浙江省依据生态环境功能区的规划，首创"三位一体"和"两评结合"的环境准入体系。"三位一体"是指"空间""总量"和"项目"的准入制度，"两评"是指专家评估和公众全程监督。2011年12月实施《浙江省建设项目环境保护管理办法》，将空间管理和总量控制纳入审批制度当中，建立规划环评和项目环评的联动机制，更好地适应经济发展与环境的承载力。

6. 第一个全面推行数字化监管

2017年，桐乡率先核发出了全国首张制革行业国家排污许可证。2018年桐乡市被确定为浙江省"排污许可证证后执法"试点县市，全面实行排污许可证证后"互联网＋监管"数字化环境监管新模式。2020年丽水给土壤监管用上了"健康码"，在全省率先制定并实施了土壤环境"红、黄、绿牌"警示管理制度，对开发区辖区内的土壤环境重点监管单位实施分级动态管理。2019年，推进生态环境保护综合协同管理平台建设和应用，在温州、湖州、衢州、义乌等地试点示范，上线运行污染防治攻坚战"一张图"系统的1.0版，升级和完善浙江环境地图；推进生态环境监测监控能力提升行动，杭州、宁波、嘉兴、湖州、绍兴和金华市新建13个VOCs自动监测设施。完善和补建空气、水和放射源的在线监控系统和水质自动站等。

2019年7月，以规范监管、精准监管、协同监管、信用监管为核心的数字化监管平台，在浙江省范围内全面推广应用。这个平台将与国家"互联网＋监管"系统和浙江省的"基层治理四平台""公共信用信息平台""统一咨询举报投诉平台"等相关统建共用平台（系统）联通。自此，浙江的数字化监管全面启动。如图2-6、图2-7所示。

图2-6 重点排污单位监测信息公开平台

图2-7 企业环境信用评价综合管理系统

经过多年创新和实践,浙江的环保产业具有完善的、长效的市场化运行和监管机制。随着"最多跑一次"改革的全面深化,数字经济正快速融入工业、农业和服务业,在推动传统的三个产业升级转型的同时,形成"三新经济"。"三新经济"具有低碳、经济和高附加值等特点,又将为"美丽浙江"的建设增加新的动力,为"美丽中国"建设增添浓厚的"浙江元素"。

四、浙江样板的实践

（一）"千万工程"的典范——安吉的美丽乡村建设和"两山银行"

1. 余村的前世今生

余村，地处天目山北麓，三面环山，一条小溪从村中流过，隶属于素有"中国竹子之乡"的浙江省安吉县。

余村山上有着丰富的石灰岩资源。20世纪90年代，靠山吃山的余村，曾是安吉当地石灰岩开采的"大户"，是当时名副其实的首富村。但是随之而来的粉尘蔽日、竹林失色、河水变浊，让口袋鼓了的村民深受其害。

2005年8月15日，"绿水青山就是金山银山"的科学论断从这里诞生。余村人开始痛定思痛，在经济的发展与生态环境的保护中，选择了"青山"。关停石灰矿厂和水泥厂，进行生态修复，尝试发展休闲旅游，开发旅游景区，发展农家乐。到2017年，余村旅游经营户达40余家，年接待游客数达50万人次。随着游客的增多，余村的旅游经济效益也日益增多，"绿水青山"换来了"金山银山"。到2017年，村集体经济收入410万元，农民人均纯收入达到41378元。

为了更好地将生态效益转化为经济和社会效益，2019年，余村关停或搬迁仅剩下的7家竹木加工企业，并且进行村庄全域规划编制，推进游客接待中心、"两山"绿道、遗址公园等项目建设。根据规划，将引入"农户+集体+公司"的管理模式；打造研学基地，主要以政务接待和青少年爱国主义教育为主等，发展多种经营。绿色不仅成为余村的底色，也是余村经济发展的亮色。

余村是浙江美丽乡村建设中的一个小小缩影。如图2-8所示。

图2-8 美丽乡村——余村

2. 美丽乡村建设的成效

2008 年,安吉在全国率先开展美丽乡村建设。美丽乡村创建实现全覆盖,建成精品示范村 55 个、乡村经营示范村 15 个、善治示范村 34 个、精品观光带 4 条,建成区面积达 37.6 平方千米。初步形成了具有地方特色的"健康休闲的一大优势产业+绿色家居、高端装备制造的两大主导产业+信息经济、通用航空、现代物流的三大新兴产业"生态产业体系,并且工、农、服务业三次产业比为 5.9∶45.1∶49。2019 年上半年,安吉接待游客 1337 万人,旅游收入超过 190 亿元;实现生产总值 469.59 亿元,比 2005 年增长了 5 倍;全县农民年人均纯收入达到 33488 元,高于浙江省平均水平。2015 年 6 月国家发布实行由安吉县为第一起草单位的美丽乡村建设国家标准《美丽乡村建设指南》;2019 年 7 月,浙江省印发《新时代浙江(安吉)县域践行"两山"理念综合改革创新试验区总体方案》,安吉成为"两美"浙江建设的典范,为美丽乡村建设实践提供全国示范。至此,安吉从"绿水青山就是金山银山"理念的诞生地迈向了"两美"建设的示范区。

安吉,美丽还在续写。2019 年年初,国务院办公厅印发了关于"无废城市"建设的试点工作方案,提出"无废城市"的建设,安吉积极探索"无废村庄"的建设。安吉深溪坞村成为安吉报福镇建设"无废村庄"的试点,是安吉县的首个试点。据统计,取消牙刷、梳子、浴擦、剃须刀、指甲锉和鞋擦等"六小件"后可节约成本达70万元;报福镇260家农家乐均实现污水全收集,污水处理率90%以上,是2018年首批市级创建单位和唯一的省级创建示范乡镇,高标准全面推进"污水零直排区"创建工作。2020年6月,安吉发布《安吉县工业经济政策(2020年修订)》,实施绿色发展下的工业经济高质量发展的激励政策;同时安吉县委、县政府发布《关于高质量推进乡村振兴确保高水平 全面建成小康社会的意见》,要求强化乡村品质提升,打造数字乡村、智慧乡村;启动浙北生态廊道建设,推进省级山水林田湖草整治修复试点,开展西苕溪流域生态修复治理;加快建设乡镇、中心村新能源车充电站等,推动乡村和谐发展。

3."两山银行"的试点

美丽续写出的不仅是经济财富的增加,更是社会收益的无限扩大。安吉从生态资源中获得高回报,不断创新和深化"绿水青山就是金山银山"理念。2020年4月,安吉县发布《"两山银行"试点实施方案》,在全域推行统一模式下的生态资源储蓄交易,旨在拓宽和创新生态资源的社会资本途径,挖掘生态资源的最大价值。

"两山银行"是一个生态资源的交易平台,在"三权分置"的基础上,由政府对区域内碎片化资源资产进行摸底、确权登记和评估,形成资源清单,进入"两山银行"平台,由专业的运营方推向市场运作。确权的资源对象包括山水湖林田草、闲置的农村宅基地、房屋等等,运作的模式采用项目外包形式,通过委托经营、股份合作或公私合营等吸引社会资本参与。这种交易机制对农村产权制度改革具有推进作用,将拓宽转化路径,构建出以生态产品价值保值、增值为目标的监管体系,为全国践行生态文明建设提供安吉经验。

(二)"五水共治"的新举措——长兴的"河长制"

1. "五水共治"的成效

2013年,为落实美丽浙江、生态省建设给社会经济发展过程中的水资源所带来的一系列约束性问题,浙江省委、省政府做出重大战略部署,提出"五水共治"。"五水"为污水、洪水、涝水、供水和节水,通过治污、防洪、排涝、保供和抓节来治理水环境。治污水主抓"清三河、两覆盖、两转型";防洪水重点推进"强库、固堤、扩排";保供水重点推进"开源、引调、提升";排涝水重点推进"强堤、疏通、强排";抓节水则重点推进设备改装、技术改造和再生利用,以及雨水收集利用示范,合理利用水资源。

经过七年的治水行动,浙江坚定践行"绿水青山就是金山银山"的理念,治出了一幅人与自然和谐共生的美丽画卷。2016年基本完成黑河、臭河和垃圾河的清理目标,2017年基本剿灭劣V类水,2018年已有省级"美丽河湖"176条,2019年断面水质优良率达历史新高。浙江的水生态环境质量持续保持全国领先,并在国家"水十条"和"河长制"考核中连年获得优秀。金华市和衢州柯城区"河长制"工作获得国务院肯定。

浙江的"五水共治"离不开覆盖全省的"河长制",它是治水的关键性制度和抓手,给各项治水工作提供了强有力的保障。

2. "河长制"的起源

"河长制"来自浙江省各地多年的治水实践,是经提炼而总结出来的一项创新举措。地处太湖之滨的长兴,境内河网密布,水系发达,辖区内有规模河流547条,水库35座,山塘386座,水域总面积88.8平方千米。传统的水泥、建材、蓄电池等高能耗、重污染产业创造了经济增长的奇迹,同时带来了各类环境问题。20世纪90年代,该县开始陆续推出片长、路长、里长等各种"长"和管理机制,以改变生态环境和生活品质。2003年,长兴治理环境问题的各类"长"机制被运用到水环境治理的河道治理上,率先在全国实行"河长制",率先出台《关于调整城区环境卫生责任区和路长地段、建立里弄长制和河长制并进一步明确工作职责的通知》。由此,"河长制"在长兴大地上落地生根。如表2-5所示。

表2-5 长兴各级最早的"河长"

河长类别	任命时间	任命人	职责
镇级	2005年3月	张玉平	负责漾河上游的水口港河道的河底清淤、河面保洁和河岸绿化等工作
村级	2005年7月	行政村干部	负责漾河周边的支流等河道清淤保洁、农业污染治理和水土流失治理修复等工作
县级	2008年8月	4位副县长	负责4条河道的工业、农业和河道综合整治等治理工作

长兴的"河长",主要是针对各区域内的河道治理,由县两办专门发文,县、乡、村、组四级联动,将河道对应县、乡、村、组行政划分设立相应的"河长"。"河长"的职责是负责河道的长效保洁和防污治污,并在河道显要位置设立告示牌,接受群众监督。截止到2017年,全县落实各级河长528人,小微水体塘长、渠长、涧长2029人,并顺利通过省级验收。全县河道总长1659千米,共设河长528名,并明确河长助理265名;全面完成298个省级挂号小微水体和836个深化提升水体整治工作,清淤438万立方米,新增截污纳管256千米,砌帮57千米。在这期间,长兴逐步完善环保设施,推进污水处理、中水回用、截污纳管、垃圾处理等基础设施建设。长兴共有污水处理厂13座,日处理水量达到21.7万吨;建成中水回用站14座,在建2座,实际处理量9万吨/日;处理工艺可分为连续式和间歇式两大类,连续式主要有氧化

沟、A/O、A2/O 等工艺，间歇式主要有 MBR 等工艺；污水资源化项目 39 个，形成了每日 22 万吨的回用水产出能力。

3. "河长制"的全面推广

到 2017 年，浙江省共有省、市、县、乡、村五级河长 57533 名，其中 6 名省级河长、260 名市级河长、2772 名县级河长、19358 名乡镇级河长、35137 名村级河长。

2012 年绍兴市在省内率先实行"河长制"管理，又于 2017 年在全国率先推行"湖长制"管理，并制定、落实"一河（湖）一策"制度；于 2018 年出台了全国首个河（湖）长制地方标准，并被列入省级标准化试点项目；2020 年 6 月，标准化试点项目正式通过省级验收评估，构建出具有绍兴特色的河（湖）长制省级标准化体系。

2016 年，浙江省启动河长制立法工作。2017 年 7 月 28 日，浙江省十二届人大常委会第四十三次会议审议通过了国内首个省级层面关于河长制的地方性法规——《浙江省河长制规定》（以下简称《规定》）。《规定》对河长制的水域进行明确规定，厘清了河长与政府之间的法定责任关系，至此"河长制"已不再局限于行政辖区内的内河河道，并赋予基层河长更多的职权。2016 年，中共中央办公厅、国务院办公厅印发了《关于全面推行河长制的意见》（以下简称《意见》），在贯彻落实《意见》视频会议上，"河长制"这一浙江经验走向全国；2017年，河长制被写入《中华人民共和国水污染防治法》。截止到 2018 年 6 月底，全国 31 个省（区、市）已全部建立河长制。同时，全国首个河长制展示馆在长兴开馆，这是全国首个以河长制为主题的展示馆。

如今，长兴已建成 3 条省级"美丽河湖"、20 条市级"美丽河湖"；全县开展爱水护水党员志愿者服务活动，深入实施"青年河长""巾帼河长""红领巾河长""企业河长"一线监督活动，坚决把剿劣工作作为重中之重来抓，做到"一镇一特色、一村一创新"，全面推动"河长制"

向"河长治"迈进,打造长兴河长样板。

未来,"民间河长"将继续谱写浙江治水中河长制的辉煌篇章。

(三)数字监管的新手段——桐乡的证后监管

1. 桐乡的环境质量[①]

桐乡隶属嘉兴,地处浙江省北部的杭嘉湖平原,地势平坦,河网密布,素有"鱼米之乡"之称。改革开放40多年来,桐乡的块状经济一直是其经济发展的优势所在,主要集结在化纤、羊毛衫、玻纤、纺织和皮革等五大传统制造产业。因此,桐乡的环境污染形势比较严峻。

2019年,桐乡市区空气质量良好,综合指数为4.08,首要污染物为PM2.5。大气中主要污染物年平均浓度分别为:细颗粒物(PM2.5)0.035mg/m³;可吸入颗粒物(PM10)0.062mg/m³;二氧化硫(SO_2)0.008mg/m³;二氧化氮(NO_2)0.032mg/m³;臭氧(O_3)0.101mg/m³;一氧化碳(CO)0.7mg/m³。地表水环境质量总体向好,水质为Ⅲ—Ⅳ类,主要污染因子为化学需氧量。其中Ⅲ类水质断面11个,占比为91.7%,Ⅳ类水质断面1个,占比8.3%。与2018年相比,Ⅳ类断面减少3个,Ⅲ类断面增加3个。市区区域噪声平均等效声级为54.9dB(A),平均等效声级范围为43.1—68.7dB(A)。与2018年相比,区域噪声平均等效声级下降0.5dB(A),主要噪声源是生活噪声源、交通噪声源和工业噪声源,分别占48.3%、27.1%和20.3%,其他噪声源相对较少。如图2-9和图2-10所示。

---

① 数据来源:桐乡市2019年环境质量公报。

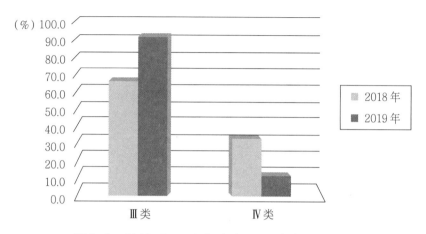

图 2-9   2018、2019 年桐乡市Ⅲ、Ⅳ类水质断面比较

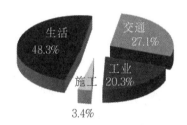

图 2-10   2019 年桐乡市城市环境噪声声源构成情况

2. 桐乡试点排污许可证证后监管

2008 年起,桐乡在浙江省内率先探索开展了工业企业刷卡排污,直接控制排污总量,收效良好;同时桐乡在全省率先启动了排污权交易试点;2017 年,桐乡作为全国制革行业排污许可证实施的试点地区,开始了排污许可改革,浙江祥隆皮革有限公司法人代表陈祥江领到第一张具有统一编码的排污许可证,浙江祥隆皮革有限公司成为全国制革行业首家获得排污许可证的企业;2019 年,桐乡启动了排污权电子竞价交易。作为世界互联网大会永久举办地的桐乡有着天时地利人和的得天独厚条件,还有着"互联网+"、物联网等技术,为桐乡的排污许可证制度改革不断深化提供了保障。

　　桐乡市于2018年7月成为浙江省排污许可证证后监管唯一试点县市;在2019年6月率先出台《桐乡市排污许可制监管实施办法(试行)》,同年率先在全国构建"三三制"企业排污许可证后管理计分考核体系,即事中事后报告制度、计分考核制度、排污许可专责人员考核制度等,打造"企业主体、政府监管、信用支撑"的环境管理体系。排污许可证证后监管,是污染单位核发国家排污许可证,对取得许可证的单位通过"互联网+环保监管"平台——排污许可智能监管平台,实施建档、证后监管和行政执法的闭环式管理。如图2-11所示。该平台依托桐乡"智慧环保"平台,集发证审查、技术审核、排污单位管理、证后监管和社会监督共同参与为一体,并运用互联网、物联网等信息化手段,实现污染信息采集、大数据分析、智能监管等,是助力"最多跑一次"改革的桐乡加强版。

图2-11　桐乡市排污许可智能监管平台

(四)城市治理的新理念——绍兴的"无废城市"建设

1."无废城市"的试点

"无废城市",并不是指没有废物的产生与存在,而是通过城市化的精细管理,坚持创新、协调、绿色、开放、共享理念,运用技术、制度、市场和监管机制,推进工业、农业、建筑、生活、危废等五类固废的减量化、资源化和无害化,使环境影响降至最低的可持续发展模式和先进城市的管理理念。2018年6月,国务院《关于全面加强生态环境保护坚决打好污染防治攻坚战的意见》明确提出要开展"无废城市"建设试点。2018年12月,国务院办公厅印发《"无废城市"建设试点工作方案》,要求系统构建"无废城市"建设指标体系,明确六项重点任务,推进"无废城市"建设试点工作。2019年4月,全国首批"11+5"个"无废城市"建设试点确定,绍兴是浙江省唯一入选城市。2019年5月,生态环境部召开全国"无废城市"建设试点启动会,全国"无废城市"建设正式拉开大幕。2020年,浙江省印发《浙江省全域无废城市建设工作方案》,目标要求到2023年年底省内地市及50%的县(市、区)完成"无废城市"建设。

2. 绍兴"无废城市"的实践

绍兴的工业及生活领域固废产量大、种类多,具备良好的固废处理基础,如工业固废无害化处置、完善的危险废物处置体系和农业废弃物处置水平省内领先。如图2-12所示。2018年,一般工业固体废物约466.64万吨,其利用处置率达到99.94%。

被确定为国家"无废城市"建设试点后,绍兴全面启动"无废城市"建设。2019年6月,绍兴召开全市"无废城市"建设试点推进会,成立建设试点领导小组,明确制订工作清单、时间表及路线图,编制《绍兴市"无废城市"建设试点实施方案》和《"无废城市"试点信息化平台建设方案》以及四个专项子方案等。8月,梳理"无废城市"建设试点项目化清单53个,其中"补短板"项目11个,"创特色"项目16个,"抓落实"项目26个。9月,《绍兴市"无废城市"建设试点实施方案》通过生态环境部评审。绍兴市"无废城市"建设试点工作取得了阶段性成果。

图2-12　绍兴市循环生态产业园粪污处置系统

　　经过一年实践,绍兴的"无废城市"建设,在制度、机制、技术和监管四个方面取得了一定的成绩:在制度体系建设上,共梳理制定《绍兴市农村生活垃圾分类处理三年行动方案(2020—2022年)》《废旧农膜回收和无害化处置工作指导意见》等62项政策制度,其中《废旧农膜回收和无害化处置工作指导意见》为浙江省首创;《绍兴市创建全省全域"无废城市"建设试点工作方案》已通过浙江省级专家评审。在技术上,对接高校院所对废盐、飞灰、尾矿砂等固废管理利用的技术创新研究,培育"无废产业"。如:新和成上虞基地打造"无废工厂",让每一件危废品都拥有二维码身份证;浙江润昇新能源通过自主研发的生物质高温热解汽炭联产技术变废为宝;宝业集团股份有限公司采用装配式建筑法,可以减少71%的建筑垃圾、70%的木材用量、89%的墙面抹灰和91%的天棚抹灰。在机制上,依托项目建设,积极推进生活垃圾焚烧项目等90多个重点工程项目,如柯桥区的绍兴市循环生态产业园二期工程焚烧厂项目,建成后实现越城、柯桥两区生活垃圾全焚烧处理;统一的市场管理,定投可降解塑料袋、定时定点收运和统一标识清运车辆等;产业园区的循环改造示范试点等,如柯桥滨海工业园区,通过污水集中处理、废弃物综合利用等68个循环化重点改造项目,园区循环经济产业链关联度达85.72%,四大污染物排放总量下降62%,工业固体废物综合利用率达100%,工业用水重复率达70%以上。在监管上,涵盖五大类固体废物数据的信息化平台于2020年7月初正式上线,并初步完成省、市两级政务平台的对接,该平台将打造成集交易、管理、监测、信用应用和服务于一体的固废治理数字化系统,实现各类固废产生、运输、处置、信息共享互通和信用监管,最终融入城市管理智慧大脑,实现固体废物全周期、智能化管理。

另外,在2020年年初新冠疫情期间,首创"定点收集、定向运输、定人管理、定时处置、定炉焚烧"的"五定"方法,安全、高效地处置了医疗废物和危险生活垃圾。

绍兴"无废城市"建设还在路上,但是随着实践的不断深入,将为全国贡献"绍兴样板"。

(五)生态补偿机制的新思路——临安的公众碳汇林基地

1. 公众碳汇林

森林具有强大的固碳释氧功能,是天然的制氧机和净化器,并且能涵养水源、保育水土。[1]碳汇林,就是通过林木的光合作用,在固碳能力低下的区域通过植树造林、森林管理、植被恢复等措施,降低温室气体在大气中浓度的过程、活动或机制。

公众碳汇林,是指公众参与的一种生态补偿机制,是将公众个人产生的二氧化碳量通过植树或捐赠进行抵消,实现碳排放的减少。与支付宝中的"蚂蚁森林"一样,公共的参与就能带来生态环境的改变。

---

① 临安试建浙江首个公众碳汇林基地[EB/OL].https://www.cenews.com.cn/pollution_ctr/xydt/201911/t20191125_918445.html,2019-11-25.

2. 龙门秘境公众碳汇林

临安高虹镇龙门秘境龙潭区块，大部分是杂灌和退化的竹林，固碳能力较低，需要通过改造，使其固碳能力达到最大化。在综合考虑区域条件、固碳能力和美观等情况后，龙门秘境公众碳汇林适合种植银杏、浙江樟、马褂木、闽楠、檫木、棕榈等珍贵树种。根据测算，一期面积为38.8亩，初植密度40株/亩，年均可以净吸收41.6吨二氧化碳，也就是每株树木通过生长每年可以吸收26.8千克二氧化碳。

如何推动公众的参与？首先，测算排碳量，自愿捐赠获得景区消费优惠券。在基地的指示牌上设置两个二维码——"旅游碳排放测算器""抵消个碳足迹平台"。通过微信扫一扫"旅游碳排放测算器"会跳出出游的方式、地点和时间等信息框，填写相应信息后，会测算出行的二氧化碳排放量，告知需要种植的树种，然后在"抵消个碳足迹平台"进行自愿捐赠，用于抵消碳足迹。其次，通过实施双重考核，将森林碳汇纳入饮用水保护绩效评价范畴，调动政府、企业和公众参与的积极性，实现生态补偿功能。最后，出台《临安区级饮用水源地生态保护专项补偿资金管理办法（暂行）》，将森林与水源相结合，根据区域水质情况和"优质有价"原则，分配水源地生态保护专项资金。这种补偿机制改变了原有无差异化补偿，开创了森林生态补偿的新思路。

浙江的发展和环保实践创造了"中国奇迹"，无论是生态文明建设的理念创新、市场机制的运用，还是"数字化"监管、生产方式等，都走在了全国的前列，为全国的生态文明建设提供了可复制的"生态"样板。但是，浙江的环保产业也存在一些问题，比如部分行业受外部因素的影响，再生资源的产能过剩和环境治理的政策等使行业的营收呈现同比下降。另外，从"国字头"的环保产业园数量和在2019年"中国环境企业50强"榜单上浙企数量看，在行业的集群化区域化发展上,浙江的节能环保产业整体规模小、实力弱。2017年浙江的节能环保制造业R&D经费投入强度为2.5%,虽然高出全社会0.07个百分点,但对标上海的3.9%,浙江在创新能力和人才培养上的投入还是偏低。因此,浙江省的环保产业,在"两美"建设的背景下,应秉持创新理念,做好顶层设计,继续充分挖掘数据要素和市场要素的作用,培育一批有影响力的载体和企业,发展集群化的环保产业园,重视数据与知识的增值价值,完善科研人员的培育和能力提升激励机制,以及成果转化政策等,促进"政产学研金介用"有机联动,为生态文明建设走在全国前列的浙江抹上浓厚的"浙江环保色彩"。

参考文献

[1]苏小明.生态文明制度建设的浙江实践与创新[J].观察与思考,2014(4):54-59.

[2]刘迎秋.浙江经验与中国发展[M]北京:社会科学文献出版社,2007.

[3]沈满洪.生态文明制度建设的"浙江样本"[N].浙江日报,2013-07-19(14).

[4]晏利扬,赵晓."811"行动造就生态浙江[N].中国环境报,2012-09-26.

[5]郭怡.中国生态环境类社会组织专业人才培养研究[J].科技进步与对策,2017,34(8):147-153.

[6]向凯."绿水青山就是金山银山"发展样本[N].新京报,2019-08-05(A08).

[7]周继春.发展环保产业的对策建议[J].资源节约与环保.2018(2):13.

[8]王晓娜,李宜繁.浙江科技支撑打赢四场保卫战创新发展的思考[J].甘肃科技,2020,36(3):1-3,82.

[9]徐祥民.绿色发展思想对可持续发展主张的超越与绿色法制创新[J].法学论坛,2018(6):5-19.

[10]史云贵,孟群.县域生态治理能力:概念、要素与体系构建[J].四川大学学报(哲学社会科学版),2018(2):5-13.

［11］王德凡.基于区域生态补偿机制的横向转移支付制度理论与对策研究［J］.华东经济管理,2018,32(1):62-68.

［12］张勇杰.邻避冲突中环保NGO参与作用的效果及其限度——基于国内十个典型案例的考察［J］.中国行政管理,2018(1):39-45.

［13］李龙强.公民环境治理主体意识的培育和提升［J］.中国特色社会主义研究,2017(4):84-88,103.

［14］浙江省人民政府关于印发浙江省生态文明示范创建行动计划的通知［EB/OL］.2018-05-11.http://www.zj.gov.cn/art/2018/5/22/art_12460_297198.html.

［15］浙江省美丽乡村建设行动计划(2011—2015年)［EB/OL］.2015-08-03.https://www.docin.com/p-1244517046.html.

［16］安吉"两山银行"打通"两山"转化新通道［EB/OL］.2020-04-29.http://zj.cnr.cn/gedilianbo/20200429/t20200429_525073543.shtml.

［17］浙江桐乡率先在全省出台排污许可制监管实施办法［EB/OL］.2019-07-02.http://zj.people.com.cn/n2/2019/0702/c186995-33097878.html.

［18］河长制,从这里走向全国［EB/OL］.2018-09-30.http://zjnews.zjol.com.cn/zjnews/zjxw/201809/t20180930_8389652.shtml.

［19］长兴"河长制"到"河长治"［EB/OL］.2020-03-10.http://www.jcrb.com/procuratorate/jcpd/202003/t20200310_2128452.html.

［20］人民日报点赞"河长制"发源地 全国第一个镇级河长在长兴［EB/OL］.2018-12-05.http://china.zjol.com.cn/201812/t20181205_8912662.shtml.

［21］浙江省人民政府关于开展排污权有偿使用和交易试点工作的指导意见［EB/OL］.2009-07-04.https://hk.lexiscn.com/law/lawchinese-1-2426297.html.

[22] 浙江省生态环保财力转移支付试行办法 [EB/OL]. 2011-11-15. htttps://wenku. baidu. com / view / b36f696d58fafab069dc0271. html.

[23] 浙江省人民政府关于进一步完善生态补偿机制的若干意见 [EB/OL]. 2005-08-16. http://www.110.com/fagui/law_225378.html.

[24] 浙江省治污水暨水污染防治行动计划 2020 年实施方案 [EB/OL]. 2020-05-19. http://huanbao.bjx.com.cn/news/20200519/1073546.shtml.

[25] 浙江省人民政府关于进一步加强环境污染整治工作的意见 [EB/OL]. 2004-11-09. http://www.zj.gov.cn/art/2004/11/9/art_12460_8077.html.

[26] 一图读懂《浙江省近岸海域水污染防治攻坚三年行动计划》 [EB/OL]. 2020 – 06 – 22. https://www. sohu. com / a / 403457895_120060356.

[27] 浙江省生态环境厅关于进一步加强工业固体废物环境管理的通知 [EB/OL]. 2019-01-11. http://huanbao.bjx.com.cn/news/20200519/1073546.shtml.

第三章

我国绿色环保产业商业模式研究

一、环保产业发展概况

(一)环保行业的现状及发展趋势

到 2020 年年底,我国环保产业的产值将超过 2.8 万亿元,但是相较于美国、西欧和日本,我国环保产业起步较晚,尚未形成完整的产业链,并且存在的问题较多。王永超等认为,环境问题和经济发展联系紧密,发达国家的经验对我国的环保产业有一定启示作用。结合发达国家的经验,可以将环保产业细分为四块:环保替代产业、环保预防产业、环保治理产业和环保再生产业。环保治理产业和环保再生产业将会有一个良好的势头。[1]现阶段随着相关政策的推出、国家投资的增加,我国环保产业的发展势头较好,但是现在还存在许多问题制约着环保行业的发展。我国的环保产业属于新生产业,环保企业面临着创新能力弱、规模小、产业集中度低和融资难等问题。张应松认为,以安徽中小环保企业为发展对象进行研究,指出中小环保企业的发展受制于以下几点:高级人才缺失导致企业扩张难、技术创新

---

① 王永超,穆怀中,陈洋.环保产业分阶效应及发展趋势研究[J].中国软科学,2017(3):17-26.

不够和中小企业互助平台的缺失,其中最首要的因素是人才的缺失。
①王鹏辉指出,环保产业作为半公益性质的产业存在着投资大、周期
长、回报率低等特点。对政策依赖度高、融资难和科技力量不够制约
了环保产业的可持续发展。想要改变这一局面就要提升管理制度,
增加财政支持,推动国际合作,加强技术交流。②

2019 年年末,新冠疫情来势汹汹,各行各业或多或少受到了疫情
的影响,环保行业也不例外。林聪认为,疫情给环保设备制造业提供
了技术升级的契机,对疫区污水处理提出了新要求,给医疗固废处理
提供了新机会,但同时也带来了负面影响,因为复工复产延缓对环保
工程类企业的影响较大。③

总的来说,环保产业因政策支持发展势头较好,但作为新兴产业
也受到了诸多因素的影响。制约环保产业发展的因素不外乎以下几
点:人才不足导致高层次技术的缺失,对政策依赖程度高,资产壁垒
较大且收益率低,相关企业的资金链紧缺,断链风险较高。在现阶
段,由于城镇化进程的加快,市场对市政领域的环保基础设施建设以
及相关设备制造的需求较大,但几十年后环保设备制造业和环保工
程的市场需求将会下降,环保服务业以及环保设备运营的需求会
增加。

(二)环保行业的金融前景

根据学者的数据分析不难发现,我国的环保产业投资水平呈现上
升趋势,2005 年之后上升的速度有所增快,环保产业的总产值也是如

① 张应松.高级人才匮乏、技术创新需求迫切、共享平台缺失 安徽中小环保企业发展壮大面临多重
困境[J].环境经济,2019(20):36-41.
② 王鹏辉.我国节能环保产业的发展现状与发展路径研究[J].企业科技与发展,2019(10):1-2.
③ 林聪.新冠肺炎疫情对环保行业的影响与对策分析[J].中国环保产业,2020(3):31-32.

此,二者存在正向关系。投融资的增加可以促进环保产业的发展。郭朝先等认为,我国环保产业投融资规模增大,增速较快但仍处于低水平阶段,存在融资渠道单一、效益低下、机制不健全的问题。环保产业融资方式的创新可从"推"和"引"两方面来分析:"推"是指政府的政策支持,"引"是指市场和政府的需求。①

环保产业由于其重资产壁垒导致企业规模难以做大,这一因素一直制约着环保企业的发展。雷英杰认为,一方面环保行业正享受国家政策带来的利好,但是另一方面,由于市场需求减少融资压力增加,不少企业资金紧缺,项目被迫中止。在PPP项目引进环保行业之后,环保行业投资主体由原先的外资+民营转变为外资+民营+央企(政府),但是PPP项目因实行时间过短还存在着不少问题,众多企业因为金融去杠杆、相关政策变化而出现财务危机。②

在环保行业的投融资方面,由于环保行业的重资产壁垒,行业准入门槛较高。相较于国外的政府债券等,我国环保行业的融资方式还较为单一。但是随着PPP项目的发展,环保产业的投资主体逐渐多元化,融资压力相对缓解。由于PPP项目发展时间较短,相关政策方针尚不完善,这也给早期加入PPP项目的企业造成了一定的困扰,但是随着相关政策的规范,PPP项目会越来越规范。

(三)环保产业发展瓶颈及解决方案

我国的环保产业起步较晚,西方国家在环保行业方面的经验对我国的环保产业有一定的借鉴意义。蒋东利认为,我国环保行业立法和执法力度有待加强,环保投入占GDP比重低,金融支持有所增加但

---

① 郭朝先,刘艳红,杨晓琰,等.中国环保产业投融资问题与机制创新[J].中国人口·资源与环境,2015,25(8):92-99.

② 雷英杰.2020,环保产业寒冬过后春潮在望[J].环境经济,2020(Z1):32-35.

水平较低。结合美国、日本和德国的环保产业发展路径,我国可以基于以下几方面来促进我国环保产业的发展:制定相关环保政策,发挥政府主导作用;拓宽资金渠道,发展绿色金融;完善产学研体系,推动技术创新。[1]

我国的环境问题日益严重,环保投资力度增大与政府财政预算不足之间的矛盾难以缓解。资金短缺严重制约了我国环保行业的发展。我国环保行业在投融资方面现存的问题有:利益驱动机制薄弱导致资金不足;融资渠道少并且缺乏创新;资金结构不合理。该学者结合国外环保行业的投融资政策指出我国环保行业可以从政府和市场两大方面改进融资机制。其中政府层面主要是可以发布市政债券,市场层面则以企业自筹和公司合作为主。

二、行业发展机遇

说到环保,在人们的脑海里最先闪现出来的应该就是那句——保护环境,人人有责。但现实生活中,环保产业涉及的不光光是环境的保护环节。准确地说,环保产业涉及环境的监测、治理到相关用品的研发、生产和销售以及环保工程的施工、运行和管理,甚至是为高污染企业提供咨询服务等等。如果从涉及的领域来细分环保产业,那么环保企业有以下几类:大气处理、水处理、土壤处理、固废处理以及环境的监测和修复。

2012年,党的十八大将生态文明建设纳入中国特色社会主义建设之中。在至今的八年期间,国家为了加强生态文明建设,先后出台了大量的条例与法规。但其实,早在20世纪七八十年代,我国就已经涌现出了一大批环保企业。而在2012年,随着生态文明建设的提出,

---

① 蒋东利.环保行业发展的国际经验及对我国的启示[J].金融纵横,2018(4):70-76.

老百姓的环保意识普遍加强,国家在环境保护方面的政策法规更加严格。因此,自2012年起,我国的环保产业进入一个高速发展的时期。

此外,早在"十一五"期间,我国环保产业就已经实行了"走出去"战略。在"十一五"中后期,我国一些优秀的环保企业开始向海外出口相关的环保设备。"十二五"期间,我国的环保企业更是积极响应"绿色'一带一路'"的倡导,为一些东南亚国家提供与垃圾焚烧发电、污水处理、海水淡化相关的环保工程建设与服务。在"十三五"期间,我国环保产业已经成为一个产业链完整、涵盖领域广阔的产业,也成为国民经济不可分割的一部分。

2018年我国环保产业营收达到1.6万亿元。截至2019年前三季度,我国上市的86家环保企业营收合计已经超过2万亿元。预计到2020年年底,我国环保产业营收总额有望超过2.4万亿元。如图3-1所示。

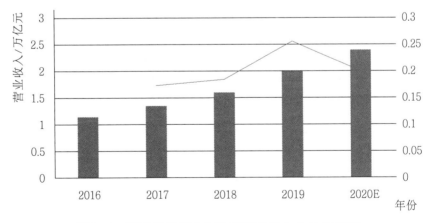

图3-1　我国环保产业近五年营业收入总计及增幅

在过去的几年,我国的环保产业不仅营业收入总计呈现出上升的趋势,而且由于环保产业的市场前景良好,环保产业的资产负债率也呈现出逐年上升的态势。如图3-2所示。

图3-2　近年环保产业的资产负债率

　　我国的环保产业起步较晚,迄今为止才三四十年的历史,正是一个朝阳产业。现阶段的环保产业呈现出较快的增长势头,这离不开公众日益增长的环保意识,国家对生态环境的立法和监测趋于严格促进了环保产业的发展。此外,国家和政府对于环保产业投入的加强也促进了环保产业的良性发展。

(一)环保意识的增强

　　近年来,我国的癌症发病率越来越高,并且呈现出低龄化的趋势,包括癌症在内的许多重大疾病都与我们现在所处的环境有着密切的关系。空气污染会大大增加人们罹患肺癌等重症疾病的概率,水体和土壤的污染则会直接影响食品安全,导致重金属、塑料等有害物质在人体内沉淀。越来越多的人开始注重空气质量、采购有机食品来规避环境污染对人体造成的伤害。

1. 太湖蓝藻案例

　　该事件发生于2007年5—6月。位于江苏省无锡市的太湖发生了蓝藻大规模暴发事件。蓝藻的大规模暴发需要以下几个适宜的条件:首先,该事件的发生背景是在五六月份,适宜的温度为蓝藻的生长提供了自然环境;其次,无锡市化工企业的工业废水直排行为和公众在日常生活中使用化肥农药、洗衣粉的行为,导致水体富营养化,氮磷等有机物质为蓝藻的生长提供了必要的养分。

该事件直接导致无锡全市的自来水被污染,市民生活用水无法得到满足,超市内的矿泉水遭到疯狂采购。这是蓝藻大规模暴发带来的最显而易见的后果,同时其他问题也不断涌现。首先,蓝藻大规模暴发在水体表面,导致水体中的生物因为缺氧而死亡。其次,蓝藻的厌氧呼吸会产生大量的氨气以及多种硫化物。这些气体都会散发恶臭造成大气污染。并且蓝藻还会产生生物毒素,对人体造成不可逆的伤害,使人们罹患肝癌的风险大大增加。

在太湖蓝藻事件暴发以后,公众和政府对于水体污染的认识有了一个前所未有的飞跃。自2007年太湖蓝藻暴发以来,江苏省的水利部门每年都会就蓝藻防控事项召开相关的会议,但经过十多年的整治,现在太湖流域的水体依旧是中度富营养化。想要彻底解决蓝藻问题,不光需要后期的整治,更需要从源头控制污染的排放,并且进行产业结构的升级。

2. PM2.5指数

在我国,以PM2.5为代表的细小粒子污染,最早是在工业较为发达的珠三角地区出现的。早在20世纪50年代,在PM2.5出现之前,我国科学家就已经开始记录年均灰霾日总数。如图3-3所示可以直观地看出,在20世纪80年代以后,广州地区的年均灰霾日总数直线上升。

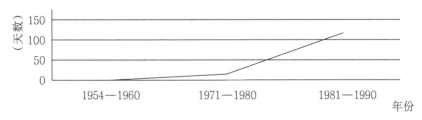

图3-3 广州地区年均灰霾日

PM2.5 是一种存在于空气中,直径小于 2.5μm,可以入肺的细小粒子。这些细小粒子主要来源有两部分:一是自然界原本就存在的粉尘,这一部分的粉尘只占 PM2.5 总量的极小部分;另外一部分就是人类的生产活动所带来的颗粒物,包括汽车的尾气、燃烧秸秆、烧煤发电、建筑水泥产生的灰尘等。该类细颗粒物的产生会悬浮在空气之中形成气溶胶,对于公众来说最直观的感受是能见度降低给生活出行带来不便,而在更深的层次上,PM2.5 会对人体造成损害,导致人们罹患肺癌的概率大大上升。

其实早在 1997 年,美国就已经有了关于 PM2.5 的相关标准。2005 年,世界卫生组织颁布了最新版《空气质量准则》。该准则指出,PM2.5 年平均浓度阈值为 $10μg/m^3$,每日平均浓度阈值为 $25μg/m^3$。而中国在 2012 年之前的 API(空气污染指数)中是不包含 PM2.5 指标的。2011 年《环境空气 PM10 和 PM2.5 的测定重量法》开始实施,但是在该阶段 PM2.5 依旧不是我国 API 的强制监测指标。直到 2012 年《环境空气质量标准》颁布,PM2.5 浓度和臭氧浓度才被纳入强制监测标准。在 2013 年年底,全国的 PM2.5 监测系统开始运行。

关注 PM2.5 指数,一方面可能造成了人们的空气焦虑,另外一方面也提高了人们的节能环保意识。不少公众开始呼吁在生活中多搭乘公共交通,做些力所能及的事情来保护环境。政府开始加强相关法规政策的制定,加大对空气质量的监管,并检测落实,且已经初见成效。单从北京地区来说,自从 2013 年将 PM2.5 纳入检测指标以来,该指标已经连续七年下降。

(二)市场需求的加强

随着我国经济建设的加快,城镇化和工业化的进程加速,环境污染问题也越来越严重。为了推动生态文明建设,国家在环保相关的细分领域设定了相关的底线。从2012—2017年的5年间,国家推出了一系列政策法规来推动生态文明建设。如表3-1所示。

表3-1　近年我国环保领域的部分政策方针

政策方针	时　间	主要内容
《中共中央国务院关于加快推进生态文明建设的意见》	2015年4月25日	是中央针对生态文明建设做出的第一个部署文件。体现了习近平总书记对生态文明建设的重视程度,强调实行"终身追责"
《中共中央国务院印发〈生态文明体制改革总体方案〉》	2015年9月21日	进一步明确生态文明体制改革的目标和任务,是加快改革步伐的行动指南
《关于推进山水林田湖生态保护修复工作的通知》	2016年9月30日	对开展矿山环境治理与恢复、污染修复、加强生物多样性保护、水环境的保护和治理以及全方位的综合治理做出重要部署指示
《大气污染防治行动计划》(《大气十条》)	2013年9月	政府调控与市场调节相结合,全面推进与重点突破相结合,区域合作与所属地管理结合,总量与质量相结合。对大气污染与防治工作采取分阶段、分区域的治理。坚持"谁污染谁负责,多排放多负担,节能减排有收益获补偿"原则
《水污染防治行动计划》(《水十条》)	2015年4月16日	采取政府、企业以及公众个人合作的方式向我国的水污染问题宣战。取缔十小企业,整治十大重点行业
《土壤污染防治行动计划》(《土十条》)	2016年5月31日	分类管控综合施策,加强相关法律法规的设立,强化监管,明确责任
《中华人民共和国环境保护法》	2014年修订	史上最严环境法,加大对环境违法行为的打击力度
《中华人民共和国环境保护税法》	2016年12月25日通过,2018年1月1日正式施行	我国于1979年确立了排污收费的制度,但是在实行时经常会有不到位的地方。此次改"费"为"税"则是加强了对排污的监管与收费
《城镇排水与污水处理条例》	2013年9月18日	城镇排水和污水处理问题变为有法可依,对违法行为的处罚力度进一步加大

续表

政策方针	时间	主要内容
《控制污染物排放许可制实施方案》	2016年11月10日	企事业单位排污需要相应的许可证,进一步加大了在排污方面的监管力度
《"十三五"生态环境保护规划》	2016年11月15日	"十三五"期间,关于生态环境保护的纲领性文件
《"十三五"重点流域水环境综合治理建设规划》	2016年8月	指导全国各地开展水环境综合治理
《"十三五"全国城镇污水处理设施建设规划》	2016年12月31日	"十三五"期间,针对城镇污水处理共投资约5644亿元
《生活垃圾分类制度实施方案》	2017年	在全国范围内的46个城市强制实行生活垃圾分类

随着相关方针政策的出台,国家对政府、企业甚至公民都提出了相关的要求。在2015年开始至2018年7月结束的第一轮环保督察问责体系中,有超过8万家企事业单位被责令关停或者整改,问责超过2.2万余人。2019年起,我国开始了第二轮中央环保督察,将绿色发展理念贯彻到底。在污染防治工作逐渐推进的同时,市场对于环保产业的需求也随之而来。如表3-2所示。

表3-2 我国的环保问责概况

单位:家

阶段	批次	关停、整改	立案、查处	约谈	问责	拘留
第一轮环保督察(2015年12月—2018年7月)	试点	200		65	366	126
	第一阶段	9617	2866	2176	3287	310
	第二阶段	12054	6310	4896	3145	265
	第三阶段	21871	9176	7137	6798	698

续表

阶　段	批　次	关停、整改	立案、查处	约　谈	问　责	拘　留
第一轮环保督察（2015年12月—2018年7月）	第四阶段	20561	5625	2914	4129	285
	"回马枪"环保督察	22561	5709	2819	4305	464
	第一轮总计	86864	29686	20007	22030	2145
第二轮环保督察（2019年7月—至今）	首批（2019年7月10日—8月15日）	5403	2362	1556	298	57

　　针对环保产业的不同细分领域，我们可以对各细分领域的市场需求做出一个大致的分析。

1. 大气处理领域

　　大气处理领域作为我国环保产业的三大盈利产业之一，市场规模一直是十分广阔的。在我国前一阶段，大气处理主要是指工业废气的处理，在后一阶段大气处理将会演变为减排预防与处理相结合的方式，因此在未来几年内，市场规模还会进一步扩大。如图3-4所示。[①]

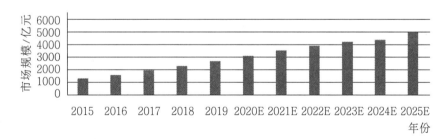

图3-4　我国大气污染处理领域市场规模（含预测）

　　大气处理领域可以根据污染物的不同分为以下几个细分市场：除尘、烟气脱硫、烟气脱硝和机动车污染物防治等。将大气处理产业按

———————
① 数据来源：中研普华产业研究院。

照短期和中长期来分,在短期内我国更加注重的是现有污染的治理问题,但是在处理大气问题上,并不能只采取治理方式,预防才是关键。因此从长期来看,我们应该将重心放在大气污染的源头环节——经过相应的处理做到低排放。

结合我国现阶段的大气处理产业实际情况,我国传统的火电除尘、烟气脱硫、烟气脱硝市场已经接近饱和。2012年,雾霾在全国范围内暴发,随即《环境空气质量标准》颁布,PM2.5浓度和臭氧浓度被纳入强制监测标准。2013年9月,《大气十条》颁布,并且之后几年,国家对于废气的排放标准不断提升。大气处理领域雾霾治理细分市场需求被不断地派生,烟气超低排放、大气环境监测、非火电领域的烟气治理、汽车尾气处理等细分市场的需求将进一步加大。

总的来说,我国大气处理领域常规的燃烧发电厂的除尘、脱硫、脱硝已经初步完成,在接下来的产业总体发展中,各企业应当将重心转移到另外两个细分领域:燃烧发电厂的超低排放和非火电领域的烟气治理。在燃烧发电厂的超低排放细分市场中,现阶段我国还存在着6.26亿千瓦时的机组需要对其进行改造升级使其变为超低排放,1.2亿千瓦时的机组需要建设环保设施。而在非火电领域的烟气治理领域,我国在这一细分市场的起步比较晚,因此市场空间巨大。

2. 水处理领域

我国是一个极度缺水的国家,虽然我国的淡水总量为2.8万亿立方米,但是受我国庞大的人口基数的影响,我国人均淡水资源为2300立方米。随着经济发展的加快,工业化的推进,水体污染严重,以及我国人口还处于爬坡阶段,污水排放量进一步加大,人均淡水资源会进一步减少。水处理领域可以分为生活污水处理、工业废水处理与水体和流域整治三大块。

（1）生活污水处理

我国的生活污水处理领域,城乡差距严重。在城镇中,污染的水资源主要为生活污水,有专门的排污管道,该类污水处理起来较为简便。而在农村,村民的居住点较为分散,铺设排污管道需要投入大量的资金。因此现阶段,我国农村的污水处理率较低,与城镇的差距还较大。

住建部的统计数据显示,2017年我国共有建制镇污水处理厂4810座、乡污水处理厂874座,农村污水处理率为50%,而城市污水处理率则超过90%。自2010年起,我国的污水处理厂总数呈现上升的趋势,但是乡污水处理厂的总数依旧远远不及建制镇污水处理厂的总数。如图3-5所示。[①]

图3-5　近年我国建制镇污水处理厂和乡污水处理厂数量对比

自2018年起,针对农村的生态文明建设,国家出台了一系列的政策,对农村的水资源治理提出了具体的目标。从我国现阶段的生活污水处理状况来看,在未来几年内,农村生活污水处理的市场仍旧存在较大的发展空间,预计到2021年农村污水处理行业的产值可以达到1100亿元。

（2）工业废水处理

工业废水处理是水处理领域中最为关键的一个环节。在我国的工业化进程中,许多企业如雨后春笋一般崛起,但是有几类企业在生

---

① 数据来源:住建部、前瞻产业研究院整理。

产制造的过程中会排放工业废水。这类企业主要为农副食品加工业、纺织业和造纸业,此外电力热力生产领域及石油、煤炭和燃料加工业的工业废水排放量也较大。

在政策方针方面,自2015年《水十条》推出以来,国家对十大重点行业进行了整治,并且对企业的排污指标提出了更加严格的要求,对排污行为的监管和治理也进一步加强。许多企业在相关法规和处罚的压力之下逐渐由被动进行排污治理向主动进行排污治理转变。国家相关配套政策的出台和企业对于排污治污态度的改变,给工业废水处理企业提供了一个良好的市场环境。

(3)水体和流域整治

与生活污水和工业废水处理不同的是,我国在水体和流域整治方面的发展一直比较慢。这一现象受到了很多因素的影响。一方面流域治理所覆盖的面积较为广阔,需要投入大量的资金以及多个地区政府的共同合作;另一方面这种治理对于相关企业的技术要求较高,并且处理周期长,效果难以立刻显现。此外,我国的相关配套政策较其他领域的政策出台比较慢,因此与环保产业的其他领域相比,在这一领域上,我国的发展有些滞后。

2016年,国务院颁布了《关于全面推行河长制的意见》《城市黑臭水体整治工作指南》《重点流域水污染防治"十三五"规划编制工作方案》和《湿地保护修复制度方案》,这些政策明确了责任体系及监测标准,因此水体和流域治理也将迎来更广阔的市场。

3. 土壤处理领域

我国是世界上土壤污染最严重的国家之一。调查显示,我国的土壤污染总超标率为16.1%,耕地的污染率更接近20%,[①]如图3-6所

---

① 数据来源:《全国土壤污染状况调查报告》。

示。我国的土壤处理产业相较于大气处理和水处理产业,起步相对较晚。因此土壤处理领域的市场尚且处于一个相对松散的状态,企业进入该领域以后,市场的空间巨大。2016年5月,《土壤污染防治行动计划》(也就是我们所说的《土十条》)正式颁布,其实在《土十条》颁布之前和之后的数年中,国务院、环保部以及各省(区、市)也出台过多个针对土壤污染防治的方针政策。而《土十条》的正式颁布给我国在土壤处理环节上提出了具体的目标,如图3-7所示,这也促进了市场需求的激增。

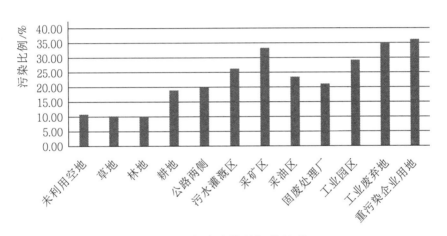

图3-6 各类土壤的污染情况

图3-7 《土十条》具体目标

在我国，与土壤修复相关的企业数量呈逐年上升的趋势。2013年，我国相关企业的数量不足300家，而到了2017年底攀升至2800多家。虽然近些年该领域的企业数量攀升较快，但是鉴于中央对土壤处理的重视和迫切程度，土壤处理领域仍旧有较大的市场需求。数据统计显示，2015年我国土壤修复相关签约订单的总额为21.28亿元，2016年我国土壤修复领域的订单总值为62.9亿元，2017年上升至240亿元。如表3-3所示。①

表3-3 我国土壤修复各细分领域潜在市场

细分领域	污染面积	治理成本	市场空间	市场价格
工业污染场地修复	30万块	300万元/块	0.9万亿—1.5万亿元	270万元/块
农业耕地修复	3.9亿亩	1万—2万元/亩	3.9万亿—7.8万亿元	1.4万元/亩
矿山修复	220万公顷	10万元/公顷	2200亿元	9.5万元/公顷

总的来说，我国在土壤修复领域的市场空间高达5万亿—9.5万亿元，市场规模可达2600亿元。

4. 固废处理领域

我国的固废处理领域主要包括以下四类：一般工业固体废物、工业危险废物、医疗废物、城市生活垃圾。国家生态环境部的数据显示，2018年大中城市共产生一般工业固体废物15.5亿吨，其中有41.7%被综合利用，18.9%得到了妥善处置；工业危险废物的产量为4643万吨，其中43.7%被综合利用，45.9%得到了妥善处置；医疗废物的产量为81.7万吨，其中81.6万吨得到了妥善处置；城市生活垃圾产

---

① 数据来源：《2020年我国土壤修复市场规模可达2600亿》，http://huanbao.bjx.com.cn/news/20160822/764807.shtml。

量为 21147.3 万吨,有 99.4% 得到了妥善处置。如图 3-8 所示[1]。

从我国生态环境部发布的数据中我们不难发现,在现阶段固废处理领域,一般工业固废和工业危险废物的处置率还较为低下,相关企业关注更多的是医疗废物和城市生活垃圾的处理,但近几年全国范围内一般工业固废和工业危险固废的综合利用率和处置率已经有所上升,部分城市对遗留的固废进行了处置,但是综合利用还是现阶段一般工业固废和工业危险固废的常规处理方法。

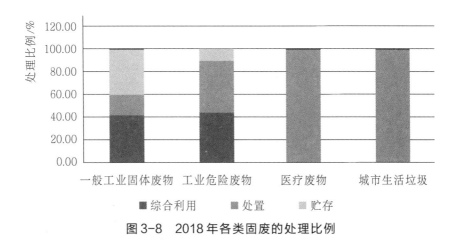

图 3-8　2018 年各类固废的处理比例

随着生态文明建设的推进,国家对固体废物污染的防治工作的重视程度大幅上升。国家多次出台政策对洋垃圾的进口种类做了限制和调整,进一步加强固体废物的治理工作。如表 3-4 所示。

国家在减少固废进口的同时也采取了一系列措施来减少现阶段固废的存量。首先我国危废经营许可证颁发数量增加,截至 2018 年底,我国危废经营许可证数量达到 3220 份,危废品的实际收集和处置量也大幅增加。如图 3-9、图 3-10 所示。

---

① 数据来源:《中国生态环境部 2019 年全国大中城市固体废物污染环境防治年报》。

表3-4   部分限制固废进口的政策

政策名称	颁布时间	主要内容
《固体法》	2016年11月7日修订	对环境风险较小、资源价值较高的可用作原料的固体废物,如废旧金属、废纸、废塑料等实行进口许可管理制度;对环境、卫生风险较大或利用价值低的危险废物、生活垃圾、建筑垃圾、医疗废物、电子废物等"洋垃圾"禁止进口
《关于禁止洋垃圾入境推进固体废物进口管理制度改革实施方案》	2017年4月	对固体废物进口许可证进行严格审批,打击非法进口企业,不再受理固废进口申请。最终目标:实现固废进口总量下降
《进口废物管理目录(2017)》	2017年	将来自生活源的废塑料、未经分拣的废纸、废纺织原料、钒渣等4类24种固体废物,从《限制进口类可用作原料的固体废物目录》调整列入《禁止进口固体废物目录》。调整于2017年12月31日生效
《关于调整〈进口废物管理目录〉的公告》	2018年4月	将废五金类、废船、废汽车压件、冶炼渣、工业来源废塑料等16个品种固体废物从《限制进口类可用作原料的固体废物目录》调入《禁止进口固体废物目录》。调整目录于2018年12月31日生效。 将不锈钢废碎料、钛废碎料、木废碎料等16个品种固体废物从《限制进口类可用作原料的固体废物目录》《非限制进口类可用作原料的固体废物目录》调入《禁止进口固体废物目录》,调整于2019年12月31日生效
《关于调整〈进口废物管理目录〉的公告》	2018年12月	将废钢铁、铜废碎料、铝废碎料等8个品种固体废物从《非限制进口类可用作原料的固体废物目录》调入《限制进口类可用作原料的固体废物目录》,调整于2019年7月1日生效

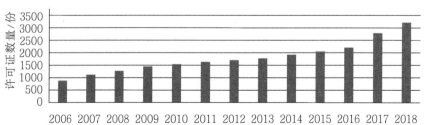

图3-9   危废经营许可证数量

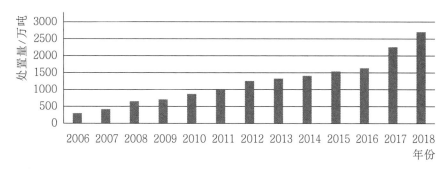

图 3-10　危废实际收集处置量

除了限制固废进口,加强我国固废的处理能力之外,国家还加强对危废的管理督察考核,目的在于解决危废管理重视度不够、主体责任落实不到位和地方政府管理能力薄弱等问题。

在城市生活垃圾领域,国家加强了垃圾分类政策。实行垃圾分类是国家想要大力推进生活垃圾"资源化""减量化"和"再利用"的重要表现。根据国家对生活垃圾无害化处理的要求,2020 年生活垃圾焚烧处理要占无害化处理的 50% 以上,焚烧处理设施规模达到 59.14 万吨/日。

因此,在固废处理领域,一般工业固体废物和工业危险废物还有大量的存量需要处理;在城市生活垃圾领域,焚烧发电处理场将会迎来广阔的市场前景。总体来说,固体废物处理领域市场前景良好。

5. 环保设备制造产业

随着国家相关政策的出台,各地政府和企业的环保责任变得更加明确,因此也催生了环境监测设备制造业的发展。我国环境监测设备制造业的销售规模在 2011—2012 年快速上升,在此后的几年之间,行业销售收入稳健增长,增幅有所降低。我国环境监测设备制造行业销售规模大幅增长的主要原因是:2011—2012 年,国家出台了相关政策,将 PM2.5 纳入环境监测指标之中,并且在全国设立了许多大型大气监测站点。此后因为国控的监测站数目稳定下来,相关产业的增速也有所放缓。2016—2017年，国家又出台了相关政策打击监测数据造假的行为，因此环境监测设备的销量有了进一步的增长。

从环境检测设备销售的细分领域来看，相关设备主要是与烟气烟尘和水体监测相关的设备。2017年8月，国家又推出《关于加快推进环保装备制造业发展的指导意见（征求稿）》，该《意见》指出2020年我国环保装备制造业的产值要达到1万亿元人民币，重点领域为大气质量监测领域和水质量监测领域。除了此项政策，《土十条》《大气十条》等也都明确表示将加大对生态环境的监测，严厉打击污染环境的行为，并且加大在环保产业的投入。

随着国家对环保监测力度的加大，我国环保设备的市场需求会进一步加大，而原有的环保监测设备的补充和升级也会释放一部分市场需求。

6. 绿色"一带一路"政策

2017年，为响应"一带一路"倡议，《"一带一路"生态环境保护合作规划》应运而生。环保产业的出口也提上了日程。环保产业的市场由国内竞争扩展到了国外，市场进一步扩大，需求也随之增加。因此总的来说，我国的环保产业仍旧存在着巨大的市场需求，亟待各大环保企业去挖掘。

（三）市场准入门槛的降低

1. 投融资政策促进绿色金融体系

近几年我国的经济下行压力较大，国家为了稳定就业，实行供给侧结构性改革以推动实体经济的发展，环保产业的重要程度大大提升。此外，我国生态环境问题突出，急需各大企业进行整治。为此，国家针对环保产业的投融资也出台了相应的政策，旨在降低环保产业的准入门槛，打破行业壁垒和市场垄断的情况，营造一个良好的市场环境,激励更多的社会资本进入市场,加快我国的经济向绿色经济转型的速度。

　　绿色金融是指为改善环境污染、提高资源利用率的经济活动提供必要的投融资、项目运营和风险管理等活动。开展绿色金融不但可以推进生态文明建设,而且在一定程度上可以促进我国的经济结构由原先的高能耗经济向节能环保的绿色经济改变。绿色金融并不是我们国家特有的,在全球生态环境问题严峻的今天,绿色金融已经成为各个国家发展的重点项目。在我国,相关政策也被接二连三地推出,监督加强信息披露制度不断健全,金融机构可以更加直接地获得企业的环保信息,有利于推进绿色金融工作。如表3-5所示。

表3-5　国家在环保投融资领域的部分方针政策

方针政策	出台时间	主要内容
《关于加快发展节能环保产业的意见》	2013年8月	释放节能环保行业的市场需求使之成为国民经济的支柱型产业
《关于积极发挥环境保护作用促进供给侧结构性改革的指导意见》	2016年	"十三五"期间,实行供给侧结构性改革,做到"去产能、去杠杆、去库存、降成本和补短板"。而环保产业作为实体经济的一部分,将会在该项工作中发挥重要作用
《"十三五"国家战略性新兴产业发展规划》	2016年	加快发展环保产业,到2020年争取市场产值突破2万亿元大关
《"十三五"节能环保产业发展规划》	2016年	环保产业增加值占GDP的3%以上。(根据国际经验,当一个国家在生态环境治理方面的资金投入占国内生产总值的2%—3%时,环境质量才会有明显改善)
《关于构建绿色金融体系的指导意见》	2016年	激励更多良性的社会资本进入环保领域,构建绿色金融体系。加快我国经济向绿色经济转型,促进环保产业的快速发展。对绿色投融资提出了一系列的激励措施。

根据前瞻经济学研究院的数据统计,自2000年开始,我国在环境污染治理方面的总投资额呈现逐步上涨的趋势,但是我国环境投资的总额占GDP比例依旧小于发达国家的水平。截至2016年年底,我国环境治理的投资额占GDP比例依旧没有超过2%。而根据规划,截至2020年,我国环保投资要占GDP的3.5%。因此,我国的环保产业依旧有很大的投资空间。

2. PPP模式进入环保产业

早在2013年,我国就提出了允许社会资本进入城市基建和运营领域的计划,PPP模式的推广促进了政府资本与社会资本的合作。而环保产业作为基础设施建设的一部分,也开始采取PPP模式。2017年,我国颁布了《关于政府参与的污水、垃圾处理项目全面实施PPP模式的通知》。该通知指出,国家在污水处理、垃圾处理的细分领域实施PPP模式,旨在推动社会资本参与环保产业,使市场运行效率提升,行业得到健康发展。自2013年起,PPP项目经过七年多的探索和发展,已经迎来了成熟期。该类项目将变得更加规范化和流程化。

2020年2月10日,财政部又发布了《关于加快加强政府和社会资本合作(PPP)项目入库和储备管理工作的通知》。该通知强调要注重基础保障性强的项目,而生态环保相关项目正是这类项目之一,并且从环保产业PPP模式的市场占比来看,在近些年呈现出上升趋势。因此在环保产业的相关项目中,社会资本有更多的机会与政府合作加入PPP项目。

三、环保产业的发展历程

我国的环保产业在20世纪七八十年代就已经初步形成,至2020年该领域已经有了40多年的历史。在这40多年的发展过程中,环保产业从兴起到现阶段的蓬勃发展,一共经历了四大发展阶段,其细分领域和产业链不断完善。

(一)萌芽阶段(1970—1990年)

1972年6月,联合国召开人类环境会议,讨论了当代人类所面临的环境问题。该会议的主要目的是呼吁全世界人民行动起来保护环境,引起了不少国家的重视,我国也不例外。因此在1973年,我国第一个与环境保护相关的文件——《关于保护和改善环境的若干规定》出台,由此打开了我国环保产业的大门。在该阶段,环保产业所涉及的细分领域主要是环保设备的加工和制造,废气、废水以及固体垃圾的处理和利用。

自1949年中华人民共和国成立,中国的重工业优先开始发展。1949—1978年是我国第一轮重化工业发展的阶段,特别是在20世纪60年代,我国的重工业增长幅度超过了20%。国家为了促进经济的快速增长,采取了粗放型的经济发展方式,重工业的发展大大增加了包括大气、水体和土壤在内的环境污染。

1984年我国出台了《水污染防治法》,1988年又出台了《大气污染防治法》。该类环保政策的陆续出台,激发了一部分新的市场需求。

(二)初步发展阶段(1990—2000年)

1990年后,环保产业有了初步发展。从1993年至2000年,我国环保产业的企业数量从8651家增长至18144家。截至2000年年底,相关从业人员总数超过300万人。在这一阶段,相关企业所涉及的领域主要为环保产品的生产、末端治理及相关设备的生产与制造。

(三)发展中期(2000—2012年)

在该阶段,国家不再一味地追求经济的快速发展,政府制定了多项政策和规划,这些制度的推出进一步带动了环保产业的发展。

(四)高速发展阶段(2012年至今)

2012年11月,党的十八大顺利召开,生态文明建设首次被提出并纳入"五位一体"的总体布局之中。"十八大"的召开正式将我国的环保工作提上日程。在此后的五年,国家又出台了许多与生态环境保护相关的政策方针。一方面出台了多部环保法,加大对环境污染违法行为的惩治力度;另一方面,出台了许多指导性文件,明确了我国在接下来一段时间内要完成的环境治理目标,并且结合实际做出了许多具体的指标。生态环境保护不再是一件虚无缥缈的事情,变得有法可依,有目标可定。

此外,国家与地方政府还出台相关政策进行财政补贴,推动新的环保企业快速成长,旧的环保企业快速转型升级以适应市场的发展。

我国环保产业的发展如图3-11所示。尤其是2012年以来,环保产业进入高速发展阶段,该产业内各企业所涉及的细分领域更加全面,产业链也更加完整。

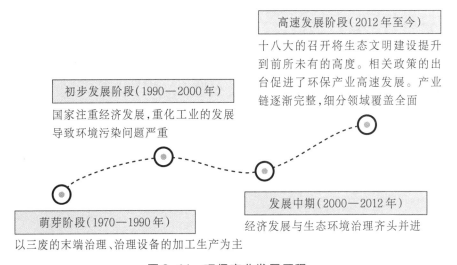

图3-11 环保产业发展历程

四、我国环保产业与国外环保产业对比研究

在全球环保产业市场中,发达国家起着领头羊的作用,美国、日本和西欧的环保产业占据了全球环保产业85%以上的市场份额。虽然这些国家的环保产业发展势头如此之猛,但是它们也是在20世纪六七十年代才进入该领域的,仅仅比我国的环保产业早了十几年。

纵观全世界环保产业的发展历程,我们不难发现,几乎每个国家和地区都经历了"经济发展—环境污染—环境治理—环境与经济齐头并进"这样的四部曲。但现阶段我国的环保产业和国外的环保产业存在差距,有以下几点原因:首先,相较于发达国家的工业化进程,我国的工业化进程较为迟缓,因此我国进入环保产业的时间比发达国家晚了十几年,在环境治理的许多领域技术还不够成熟;其次,我国投入环境保护与治理领域的资金占GDP比重不多,无法满足国际3%的标准;再次,我国现阶段与环境治理相关的高水平从业人员还较少,无法满足市场需求;最后,与发达国家相比,我国在21世纪之前与环保产业相关的配套政策不够齐全,无法激发环保市场的需求。

(一)市场进入较晚,技术不够成熟

我国的环保产业起步比发达国家晚了十几年,在环保产业的技术成熟度方面与美国、日本等发达国家形成了较大的差距。虽然近几年,我国相关领域的技术经过飞速发展后,这些差距正在逐步缩小,但是我们不得不承认的是:这种差距是不可忽视的,并且在未来的一段时期内不会消失,还将长期存在。

我国环境监测领域所需要的许多设备,主要依赖进口,即使有部分设备已经能够自己生产,但是这些设备中所要用到的精密核心部件,依旧需要进口。我国部分环保设备制造企业也在出口相关设备,

但是这些设备所涉及的细分领域还是比较少的,在国际市场上缺少竞争力。

结合现阶段环保产业相关细分领域的分析,我们不难发现,我国在大气、土壤和水体方面的技术储备还较少,想要提高国际竞争力就要加大技术投入。

(二)投资额占GDP比重较低

将我国在生态环境保护领域的投资额占GDP比重与英国、美国、日本相比,我国近年的比重均值维持在1%—2%,如图3-12所示。而这一比重美国是1.6%—2.6%,英国是2.2%—3.3%,日本更高达3.6%,如图3-13、图3-14所示。①根据国际上众多国家的环境治理经验,只有在生态环境保护领域的投资总额达到GDP比重的1.5%—2%时,才可以做到不加剧环境污染;当在生态环境保护领域的投资额达到GDP的3%以上,环境治理才会初显成效。

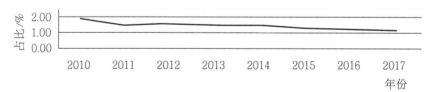

图3-12　中国的环保投资占GDP比重情况

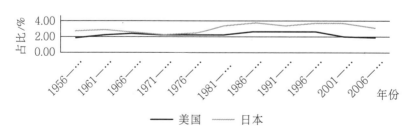

图3-13　日本和美国的环保投资占GDP比重情况

---

① 资料来源:智研咨询整理。

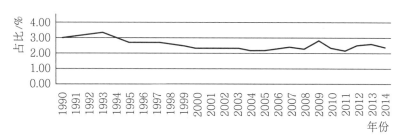

图 3-14　英国的环保投资占 GDP 比重情况

（三）发展初期配套政策较少

西方国家在解决环境问题方面最有用的一条经验就是加强环境管理。采用的方式是：在经济上加强对高污染行为的税收以及惩罚，并且以财政优惠政策鼓励节能环保的行为。简单来说就是加强配套政策的出台，这些政策包括对环境污染问题的惩罚措施、下阶段环境治理的目标与规划、对环保产业的补贴等。

西方国家的环保产业在 20 世纪七八十年代就已经有了较快发展，而我国的环保产业虽然在 20 世纪七八十年代就已经起步，但是一直处于停滞不前的状态。这与配套环保政策的推出有很大的关系。强制的环保政策会催生出巨大的市场需求，并且基于环保产业一些政策利好，帮助其快速地发展。而在我国，由于环保政策出台较慢，在政策不健全时期，对于高污染企业的排污限制极少，因此这些企业不会受到相应的处罚，最终导致环保产业的市场需求小，环保企业得不到发展。而且环保产业作为一个高投入的项目，光靠企业出资新建是十分困难的，只有政府提供补助，环保企业才能够稳健地发展。

从 1973—2002 年不到 30 年间，欧盟先后出台了 6 部《欧盟环境行动规划》；2012 年欧盟又颁布了《第七个环境行动规划》，其间欧盟依旧会根据动态的环境治理情况，对相关的政策做出修改和调整，使这些政策与环保需求相配套，更好地为环保事业服务。此外，欧盟的成员国会定期向委员会报告各地区的环境问题,成员国一起商讨解决。

日本的环保政策主要是《环境基本法》。根据这部《环境基本法》,1997年日本制定了《环境影响评价法》,2001年日本又设立了环境省。环境省是日本中央省厅之一,主要负责对自然环境的保护和废弃物的应对。除了设立相关法律之外,日本还采取多管齐下的方式,采取经济手段、科技手段和教育、协议等方式对污染环境的行为说"不"。

美国在制定相关的法律法规时会充分听取群众建议,并且各地方政府可以根据当地的实际环境状况制定相关配套政策,提高政策的执行能力。

在我国早期,环保政策较为单一且执行能力较差。存在这种现象主要有以下几个原因:首先,我国早期环保政策较少,没有落实到细处;其次,没有明确执行的主体是谁,在环境污染问题发生之时,往往存在多方相关人员踢皮球的行为,近几年才推出相关政策将责任明确到个人;最后,环境监督主体较少,在过去通常履行监督职责的主体是政府,由于政府能力有限往往存在着遗漏行为。现阶段相关政策补充之后,市场和个人都能够履行监督职责,监督加强后排污成本变高,相应的污染行为就会大大减少,环保产业市场需求大幅上涨。

近些年,国家配套政策的推出速度加快,政策的可行性加强,国家在环保产业上的投入也大幅增加。在技术和从业人员素质方面,虽然现在众多环境监测领域的部分设备和核心配件还要依赖国外进口,但是这两方面的差距已经逐渐缩小。总的来说,我国的环保产业处于良性发展中。

五、工业环保领域的发展

20世纪40年代末,毛主席就强调要大力发展工业化。在1953—

1957 年的第一个五年计划时，毛主席提出了"一化三改"，"一化"就是指推进社会主义工业化。后来苏联向我国提供了技术红利，工业化进程进一步加快。80 年代中期，中国的工业化总产值已经排在世界第三，但是过快的工业化进程也对环境造成了巨大的伤害。

1943 年，美国洛杉矶发生光化学雾霾事件，行人走在路上会闻到刺鼻的异味，并且眼睛的黏膜也会受到空气中化学物质和烟尘的影响而不停流泪。从 1952 年年末开始，伦敦也出现了雾霾事件，在 12 月 4 日到 12 月 8 日短短四天之内，有超过 4000 人因为雾霾而丧生。而我国从 2012 年开始，京津沪地区也常常出现雾霾天气，根据广州大气环境监测学家的监测，其实早在 20 世纪 80 年代，广州的灰霾天气就已经呈现出大幅上升的趋势。全球范围内大气污染问题频频发生的罪魁祸首就是工业化。部分重化工企业在生产加工的过程中会排放废气，这些废气中包含了对空气造成污染的硫化物、氮氧化合物、烟气烟尘等物质。废气会对大气质量造成影响，而工业排放的污水也会造成水体污染，产生的固废则含有重金属等有害物质，对土壤质量产生影响。

（一）工业废水治理

1. 日常废水治理

在我们日常生活中，提到污水处理首先想到的应该是对河道等生态污水的处理，但是想要真正将水体污染治理好，应该从源头开始减少各行各业污水的排放量。除了我们熟知的重污染企业，例如造纸厂、化工产业、垃圾处理厂、印染厂，酒店、公园及各大高校、小区都需要专门的污水处理系统。为了响应国家的政策方针，这类企业一般会按照需要处理的污染物质的不同而建造不同的污水处理系统。

2. 主要处理方法

工业日常废水的处理主要采取的方法可以分为四大类、若干小类：

（1）物理处理法

物理处理法是指通过过滤、分离的方式将废水中不溶解于水的成分过滤出来。这种处理方式能够处理的工业废水种类非常有限，不适合大范围的应用。

（2）化学处理法

化学处理法是指在污染水体中加入适量的化学药剂，与污水中的有害物质发生化学反应生成可过滤的物质或者无害物质，然后排放以减少对水体的污染。针对不同的排污企业，所需要的化学药剂是不同的，因此需要根据具体情况进行具体分析。含碱性物质和含酸性物质的工业废水通常需要采用相应的化学试剂进行中和处理生成无毒无害的盐类物质。此外还有氧化还原法、混凝沉淀处理法等。

（3）物理化学处理法

物理化学处理法是指采取物理化学的方式将污水中的有害物质提取出来，主要的方法有吸附法、膜分离法和萃取法等。总的来说，物理化学处理法是将污染物从水中转移出来的过程，它并没有从根本上分解这些污染物质。以吸附法为例。吸附法往往是采用吸附试剂将废水中的有害物质吸附出来，这是一个物理过程，有害物质从废水中转移到了吸附材料上，依旧需要后续的处理，若处理不当容易造成二次污染。

（4）生物处理法

生物处理法因为其成本低、效果好、二次污染小的特点，在我国已经得到一定程度的推广。生物处理法是指利用微生物能够在废水中生存，并对有害物质进行分解或者使之成为不可溶的化合物的特性对废水进行处理。生物处理法主要有生物化学法、生物絮凝法、生物吸附法、需氧生物处理法和厌氧生物处理法。相较于化学处理法，生物处理法所需要的成本更低，并且生物是可以繁殖的，因此只需要投入一定量的生物即可。对大流域或者排废量较大的企业来说，生物处理法更加经济实惠。此外，生物处理法所用到的是大自然中的微生物而不是化学试剂，并不会对生态环境造成损害。但是生物处理法也有一定的缺陷，它的适用范围较小。

3. 突发工业废水治理——伊春鹿鸣钼矿尾矿库泄漏事件

2020 年 3 月 28 日，位于黑龙江省的伊春鹿鸣矿业有限公司钼矿尾矿库 4 号溢流井发生倾斜。此次突发事件带来的最直接危害就是废水泄漏水量大量增加并且伴随着尾矿砂，周边的水体环境被污染。

这是工业环保领域的一次突发事件，如何处理泄漏的污水至关重要。针对此次突发事件，生态环境部和黑龙江省政府都高度重视。3 月 29 日，黑龙江省政府采取了突发环境事件二级响应。此次突发事件处理主要有两大任务：一是污染物的拦截；二是已经泄漏出去的污染物的清理。应急处置任务的目标非常明确——不让污染的水体流进松花江。

与普通的工业废水处理不同，此次的突发事件主要是防止污染范围进一步扩大，因此在选择处理方法时选择了拦截、吸附和絮凝沉淀法。从泄漏发生开始，抢险人员立即对 4 处泄漏点进行了封堵，并且设置了 10 道用于拦截的大坝，与此同时投放了絮凝剂和活性炭使有害物质沉淀，防止向其他地方迁移。为了防止泄漏对周边居民的身体健康造成威胁，还采取了停止取水、增加监测的次数等措施。最终险情得以控制，没有造成大规模的伤害。

与日常工业废水处理不同的是，在发生泄漏等突发事件时，首要任务不是将泄漏物全部处理干净，而是要控制泄漏范围防止造成进一步的伤害。沉淀物不易随着水流扩散这一特性符合进一步减少污染范围的目的,因此吸附法和絮凝法成了首选的方式。总的来说,各种工业废水处理方式都有其利弊,要在具体情况下选择适当的方式。

4. 制约工业废水处理的问题

根据我国工业废水处理的现状,可以发现还存在以下几类问题:首先就是工业废水的分类问题,随着工业化进程的加快和化工产业的快速发展,我国工业废水的种类越来越多,不同的有害物质其化学性质不同,因此要采取不同的方式处理,但是我国现阶段采用的工业废水的分类标准不足以将各类有害物质细化,这将直接导致工业废水处理成本高、效率低、处理不彻底及二次污染严重等问题。

其次是我国的工业废水处理技术与国外尚有差距,许多核心部件及原料依旧需要依靠外部进口,成本过高。在技术尚不完善的情况下,国家出台了相应的政策方针要求各类企业强制进行废水处理,这就意味着相关的企业需要投入巨大的人力和物力才能达到国家标准。

最后一点是,各大废水处理厂对化学药剂的投放量还不是很精准,为了达到排放目的可能会投入大量的化学药剂。过量化学药剂的投放,一方面可能会造成二次污染,另一方面会浪费药剂增加成本。

(二)工业废气治理

1. 需要废气治理的行业众多,国家政策趋严

与工业废水相同的是,随着工业化进程的加快,许多企业的生产会排放各种类型的工业废气。当这些工业废气在大气中的含量超过一定浓度时,会产生刺鼻的异味,甚至危害人体的健康。

现阶段,我国的工业废气分为以下几大类:粉尘颗粒物、烟气烟尘、异味气体、有毒有害气体等。而常见的废气处理有:烟尘废气处

理、粉尘废气处理、有机废气处理、废气异味处理、酸碱废气处理等。需要进行废气处理的行业也很多,主要有化工厂、电子厂、喷漆厂、汽车厂、涂料厂、石油化工行业、家具厂、食品厂、橡胶厂、塑胶厂等。

工业废气的排放是造成PM2.5的直接原因之一,各行各业在生产过程中产生的硫化物、氮化物及VOCs在进入大气后会发生化学反应生成硫酸盐、硝酸盐等物质(该类物质是酸雨形成的主要原因),此外还会生成气溶胶(PM2.5的主要成分),一旦被吸入人体将会损害健康。与普通的粉尘和异味不同的是VOCs(具有挥发性的有机物)很难通过物理的方式彻底降解,并且对人体的危害巨大,因此全国各地针对VOCs的排放制定了不同的标准。与此同时,国家相关政策方针的趋严催生了巨大的市场需求。

2. 主要的处理方式

现阶段我国主要的废气处理方法有:活性炭废气处理吸附法、药剂吸收废气处理法、催化燃烧废气处理法、热力燃烧废气处理法、等离子废气处理法等。各大废气处理厂在选用废气处理方法时,会根据需要处理的废气及具体情况选择费用低、耗能少、无二次污染的方式。

(1)活性炭废气处理吸附法

活性炭废气处理吸附法是我国废气处理领域常用的一种废气处理方式。其主要工作原理就是利用活性炭孔洞多、吸附性强的特点将需要处理的废气通入特定的装置,通过活性炭的滤芯以后,在不超过吸附剂饱和点的情况下,废气中99%的有害物质可以被活性炭吸附。同时,活性炭还是一种良好的催化剂,它可以有效地促进酸性气体和空气中的氧气发生反应,从而通过化学方式减少酸性气体的产生。此外,活性炭具有再生的特点,可以通过蒸汽的方式将活性炭吸附的废气溶解至水中,从而避免在回收过程中造成二次污染。

活性炭废气处理吸附法也存在一定的缺陷。首先,我国现阶段利用活性炭吸附法进行废气处理通常采取的方式为利用鼓风装置将废气吹入反应设备中,这一步骤能耗较大。其次,目前只能对活性炭的吸附能力做一个简单估计,当用来吸附废气的反应装置达到饱和时,我们不能及时发现,并且在更换吸附装置时是否会造成二次污染还有待商榷。

(2)药剂吸收废气处理法

药剂吸收废气处理法的适用范围没有活性炭废气处理吸附法广。这种处理方法一般只适用于低分子易氧化的有机气体,通常是采用双氧水或者次氯酸钠作为氧化剂将酸性气体氧化,减少工业废气中酸性气体的含量。此外还会采取用碱液中和酸性气体的方式处理废气。但是如果遇到了苯、二甲苯之类的大分子有机气体,在我国现阶段的工业废气处理行业中,一般采取的还是活性炭废气处理吸附法和催化燃烧废气处理法。

(3)燃烧废气处理法

燃烧废气处理法是一种将可燃烧的有机废气在高温下进行氧化分解,使最终产物变为对人体健康无害的二氧化碳和氮氧化合物及水。有机废气的燃烧处理法根据需要处理的废气的浓度可以分为直接燃烧废气处理法、热力燃烧废气处理法和催化燃烧废气处理法。

直接燃烧废气处理法是指将废气的温度提高到自身可以燃烧的程度,这种处理方法一般适用于易燃的废气,或者是浓度较高的有机废气。但是这种废气处理方式对温度的要求较高,要达到1100℃才能够促进废气的充分反应。热力燃烧废气处理法是指在工业废气的浓度较低时在废气中添加助燃剂。这种处理方式的大致流程如下:首先是使助燃剂燃烧,为后续废气的燃烧提供必要的热量,然后通入废气使之与高温燃料混合并且停留一定的时间以达到催化氧化的目的。相较于直接燃烧废气处理法,这种热力燃烧废气处理法的温度在820℃左右,温度远远下降,并且直接燃烧废气处理法需要一套完整的反应设备,而热力燃烧废气处理法对反应装置的要求明显要小一点。只要保证废气在760℃以上的环境中与氧气接触0.55秒就可以完成高温氧化反应。因此热力燃烧废气处理法既可以在专门的装置中完成反应,也可以在普通的燃烧炉中进行,只要温度能够达到820℃。

除了前两种燃烧废气处理法,还有一种催化燃烧废气处理法。这种处理方法需要选择合适的催化剂,但是只需要在200—400℃的温度下就可以将有机废气完全氧化分解。相较于前两种燃烧废气处理法,催化燃烧废气处理法具有所需反应温度较低、对废气浓度要求较低的特点,并且热量可以回收以减少能耗。

（4）等离子废气处理法

等离子废气处理法是指将工业废气通入等离子反应堆以后,通过电压将气体击穿,产生一系列的电子、离子、原子和各种自由基。工业废气中污染物可以和这些粒子发生反应,使污染物在短时间之内分解以达到去除异味,减少对人体的伤害的目的。

3. 制约工业废气治理的问题

结合我国现阶段主要的工业废气处理方法,经过分析可以得出我国在工业废气处理领域还存在着以下几点问题:

首先,我国工业废气处理方法相较于国外水平低下,现阶段在工业废气治理上主要采用的方式还是吸附法和燃烧氧化法,用生物法和等离子废气处理法治理VOCs与国外尚有一定差距;其次,我国工业废气处理设备制造水平低下,通常是以仿制国外的技术为主;最后,我国工业废气处理运行管理水平低下,相关人员的专业知识储备量不够,损耗较高,效率低下。

六、环保装备制造业的发展

(一)政策与市场需求共同推动,前景良好

环保装备制造业是指为了加强环境保护、促进污废治理而采用的治理设备、监测仪器以及相关的设备制造。根据环保装备所应用的不同领域,可以将环保装备分为以下几类:污水处理设备、固体废弃物处理设备、噪声控制设备、大气环境的监测与处理设备、消杀设备、环保仪器等。随着我国公民环保意识的增强以及国家相关政策法规的推进,环保装备制造业迎来了一个市场需求的新高潮。早在2017年,我国就颁布了《关于加快推进环保装备制造业发展的指导意见》,指出2020年环保装备产业的产值将超过10000亿元。结合我国现阶段的实际情况,我们可以发现在多个领域,环保设备的需求都大幅增加。

(二)新冠疫情下多类装备需求激增

新冠疫情不仅是对我国医疗卫生体系的一次强大考验,也是对我国环保行业在医疗固废的处理、含病毒污水的处理、小环境杀毒以及病毒的消杀等方面的一次重大考验。

1. 医疗废弃物处理设备

在新冠疫情发生之初,医用外科口罩、防护服紧缺,但是在医疗物资紧缺的背后是医疗废弃物的激增。医疗废弃物作为一种含有致病病毒的载体,如果不妥善处理将会造成人员的感染。根据数据统计,2020年我国废弃口罩的增长量将超过16万吨,叠加其他医疗废弃物,总的医疗废弃物增长量将超过25%,医疗废弃物的激增推动了相关医疗固废处理设备的市场需求。

2. 污水处理设备

除了医疗废弃物之外,各大医院排放的污水中也含有病毒。在非典时期,香港的淘大花园就出现了极为严重的社区病毒传播事件。病毒通过下水道传播至上下楼层的住户,最终导致淘大花园321人感染非典,并且都集中在同一座楼。与SARS相同的是,此次新冠肺炎也是通过呼吸道传播,病毒也会形成气溶胶通过下水道传播,因此在各大定点医院设置可以处理新型冠状病毒的污水处理装置是十分有必要的。

3. 空气净化处理设备及消杀设备

除了污水处理装置之外,还有空气净化装置。传统的方舱医院和救护车采取的都是负压的方式来减少病毒的外泄,但是2020年格力研制出了可以消灭新冠病毒的小环境空气净化器,从根源上减少了病毒外泄的机会。从全国范围来看,消杀装备的需求量大大增加。

(三)垃圾分类推动相关装备需求增加

我国的垃圾分类政策正在稳步推进,全国各地都在严格落实垃圾分类,但是垃圾分类也对我国的固废处理设备提出了更高的要求。根据不少地区的居民反映,他们时常看到自己辛辛苦苦分类的垃圾最后被倒进了同一辆垃圾运输车。产生这一现象的根本原因是我国现阶段垃圾收运车的数量不足导致收运能力不足。

随着垃圾分类的推进,我国垃圾大类已经发生了变化。针对不同种类的垃圾,往往需要配套不同类型的垃圾车。以厨余垃圾为例。该类垃圾往往较为湿润且异味较大,这就需要运输的车子有足够的密封性。而在我国现阶段,大多数垃圾转运车都不是完全密封的,在收集或者是转运的过程中往往会有异味以及污水泄漏的情况,对大气、公路和水体造成二次污染。而可回收垃圾又存在着体积大易飘洒的特性,导致可回收垃圾的运输效率低下,需要大量的垃圾运输车和劳动力。

此外,我国城镇化进程加快,城市规模扩大,城市常住人口大大增加,城市生活垃圾也随之增加。根据北极星固废网的数据统计,2017年我国202个中大城市共产生生活垃圾2.02亿吨,这一数据在2018年上升为2.115亿吨,而且随着城镇化的推进以及人们生活水平的提高,城镇生活垃圾的数量还会大幅增加。快递业的发展和外卖的崛起更增加了垃圾产量。

上海作为我国的金融中心,因为其人口密度较大,生活垃圾的生产量也非常大。2017年上海市生活垃圾产量已经超过900万吨,平均每天产生2.47万吨生活垃圾。而在40年之前,上海生活垃圾总量不足现在的1/8,如图3-15所示。不只是上海,全国其他许多城市的生活垃圾产量都处于爆发式增长的阶段。

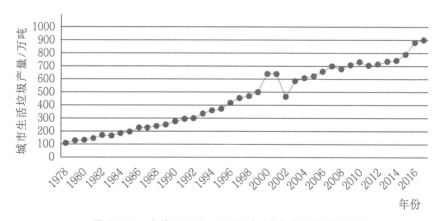

图3-15 上海1978—2017年城市生活垃圾产量

城市生活垃圾的大幅增加催生了垃圾运送车的需求,以及垃圾车的更新换代也给垃圾车制造商带来强大的市场需求。根据数据统计,2018年年底上海市共有湿垃圾收运车650辆、干垃圾收运车3000辆、有害垃圾收运车15辆;而在11个月后,这一数据转变为湿垃圾收运车1395辆、干垃圾收运车3086辆、有害垃圾收运车84辆,另外还增加了192辆可回收垃圾收运车。以各大城市的垃圾年产量为标准,可以预测全国范围内各类垃圾收运车的需求量将超过2万辆。并且在经济发展较为薄弱的地区,固废转运车辆不足以及超负荷运转,因此需求量还会大幅增加。

总的来说,垃圾分类政策将推动垃圾收转装备需求的大幅增加。以一辆垃圾收运车20万元的价格来进行保守估计,市场需求将超过40亿元。

(四)环保装备制造业发展瓶颈及应对举措

虽然我国出台的众多政策方针给环保设备制造业带来了巨大的市场潜力,但是相较于国外的环保设备制造业,我国起步较晚,还存在着一定的差距。

首先,我国的环保设备制造业自主创新能力不够,很多技术、设备及核心原材料依靠国外进口,整体技术还没有达到国际先进水平。以固废处理领域所需要的设备来看,我国尚不能制造出能够快速筛选塑料制品的设备,设备的缺失大大增加了人工劳动力和后续固废中有害物质的含量。而且由于有机堆肥设备的落后,我国的主要垃圾处理方式还是焚烧,而不是更适合我国生活垃圾湿润、易腐特点的堆肥处理。在工业废水处理领域,膜生物反应级数中采用的生物膜也需要从国外进口。

其次,我国针对环保设备制造产业还没制定出一套相应的质量标准来衡量这些设备是否满足日常操作的需求。以垃圾转运车为例。各地并没有规定何种垃圾应当用何种转运车,厨余垃圾散发异味、污水泄漏的事情时有发生,从而造成二次污染。若国家或各地方政府可以制定转运车的相关标准,一方面可以明确各大制造厂商的标准,另一方面可以减少作业时的二次污染。

最后,我国的环保装备制造业长期以来采取的方式是仿制,产业整体的竞争能力较为薄弱,自主研发能力不足,并且在研发方面缺少专业人才。

七、生活垃圾处理产业的发展

(一)常见的垃圾处理方式

我国垃圾的主要处理方式有填埋、焚烧和堆肥。现阶段的处理方式以填埋为主,其次是焚烧处理,最后是堆肥处理。

1. 填埋处理

虽然垃圾填埋的处理费用较低,但是以填埋方式处理垃圾有众多弊端。我国各类垃圾填埋场占比如图3-16所示,现阶段只有5%的垃圾填埋场会对垃圾进行无害化处理,大部分垃圾填埋场在进行垃圾填埋时,会不同程度地造成污水渗漏,影响地下水质量,细菌和病毒也会大量繁殖,甚至是散发恶臭影响大气环境。部分垃圾比如电池还会造成土壤的重金属污染,而塑料制品在地底下降解则需要上百年的时间。

图3-16 我国各类填埋场占比

由于我国人口密度大,可用于填埋垃圾的场地是有限的。同时,我国的人口增长处于上升阶段,产生的垃圾也会相应增加,因此垃圾填埋会在不久的将来迎来一个瓶颈期。

2. 焚烧处理

与填埋处理不同,垃圾焚烧的处理方式可以将垃圾转化为热能用作发电等,可以实现垃圾的"资源化""减量化"和垃圾的再利用。但是垃圾焚烧的处理方式也有一些弊端。相较于直接填埋,垃圾焚烧所需要的设备投入非常大。此外如果对焚烧后产生的废气处理不当会产生二噁英等有害物质,也会造成大气污染对人体的伤害。在国外,垃圾焚烧处理方式已经存在相当长一段时间,对于焚烧后产生的废气,也有较为完善的处理方式,但在我国想要完成对废气的妥善处理,需要投入相当多的资金。

根据数据统计,截至 2005 年年底,我国共有垃圾填埋场 356 座、焚烧垃圾场 67 座。而 2017 年,我国共有填埋垃圾场 1013 座,焚烧垃圾场 286 座。现阶段,我国的垃圾处理方式依旧以填埋为主,但焚烧处理的占比正在逐渐提高。

3. 堆肥处理

除了填埋和焚烧,还有一种常见的垃圾处理方式——堆肥。该处理方式目前在我国的应用还较少。堆肥是将垃圾中的易腐有机物进行分解,对该类物质进行再利用,用于浇灌植物。与国外相比,我国生活垃圾中的易腐有机物占比较高,因此采取堆肥处理方式的经济效益高于发达国家,但是该处理方式只能够处理易腐有机物,对于其他垃圾,依旧要采取填埋或焚烧的处理方式。

2019 年,全国刮起了一阵垃圾分类的大风,我国的垃圾分类工作逐渐由试行变为强制。垃圾一般分为以下四类:厨余垃圾、可回收垃圾、有害垃圾和其他垃圾。其中厨余垃圾主要包含剩菜剩饭、果皮果壳、废弃的调味料及残渣落叶。该类垃圾易腐烂,易产生臭气,是制造肥料的首选。可回收垃圾包含废纸、废塑料、废金属等,回收后可以二次加工利用。有害垃圾则是指废弃的医疗用品、涂料以及废灯管、电池等需要专门处理的垃圾,以减少对土壤、大气、水资源的损害。如表3-6所示。

表3-6　垃圾分类及处理方式

种　类	具体内容	处理方式
厨余垃圾	剩菜剩饭	分解制造肥料
	果皮果壳	
	废弃的调味料	
	残渣落叶	
可回收垃圾	废纸	回收加工,二次利用
	废塑料	
	废金属	
有害垃圾	废弃的医疗用品	无害化处理后进行焚烧、填埋或者二次利用
	涂料	
	废灯管	
	废电池	
其他垃圾	受污染不能再利用的纸张和生活用品等无法二次利用的垃圾	无害化处理后进行焚烧、填埋

(二)城市生活垃圾处理产业链

随着我国人口的持续增加,人们日常生活产生的生活垃圾也呈现出上升的趋势。最新的数据显示,我国现阶段垃圾年产10亿吨左右,并且这一数字还在急速上升。因此在固废领域如何做到"资源化""减量化"和"再利用"对于我国来说尤为关键。

生活垃圾的处理流程一般包括以下几步:生活垃圾的产生、生活垃圾的分类和收集以及生活垃圾的处理。

在生活垃圾的产生方面,与西方国家不同的是,受人们餐饮习惯的影响,生活垃圾中可以用于腐烂分解的有机物质占比较高,这类物质可以堆肥处理。而这类物质的存在也会有一些缺点,即含水量较高,不利于焚烧处理。目前在生活垃圾处理领域最主要的处理方式还是填埋,该种治理方式占60%,焚烧约占35%,而堆肥约占2%。在我国,堆肥的处理方式普及率低下主要还是受限于技术。如果相关的技术壁垒可以解决的话,我国垃圾堆肥处理的市场前景是非常可观的。

在生活垃圾的分类和收集方面,2018年之前我国居民对于垃圾分类的意识还是较为薄弱的。大家对于垃圾分类的相关知识仅仅停留在塑料制品、金属制品和纸制品可以回收二次利用的层面上。2018年1月,我国的46个重点城市开始实行垃圾分类政策,自此居民的生活垃圾分类意识开始有所提升。

在生活垃圾的处理方面,过去我国生活垃圾的处理方式都是以填埋为主,并且到现在为止,以填埋的方式处理生活垃圾的垃圾处理厂数量依旧远远高于焚烧发电处理生活垃圾的垃圾处理厂数量,但焚烧的占比在不断增加。如图3-17所示。

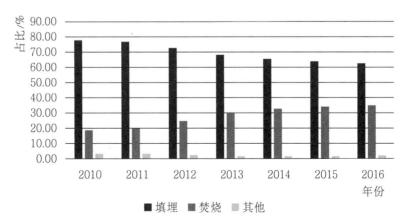

图3-17　我国生活垃圾处理方式占比

（三）垃圾发电产业头排兵——中国光大国际有限公司

中国光大国际有限公司（简称"光大国际"）是我国环保产业的标杆企业，也是亚洲最大的垃圾发电投资商和运营商。光大国际将业务分成6大板块，分别为环保能源、环保水务、绿色环保、环境科技、装备制造及国际业务，如图3-18所示。其中光大国际最擅长的垃圾发电属于环保能源业务板块。

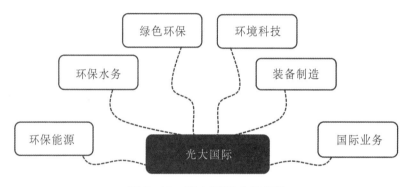

图3-18 光大国际业务板块

光大国际在垃圾发电项目上的成绩是有目共睹的。截至2019年6月30日，光大国际的官网显示共有106个垃圾发电项目、13个餐厨垃圾处理项目、3个填埋场渗滤液处理项目、2个沼气发电项目、3个污泥处理处置项目、1个粪便处理项目及1个飞灰填埋场项目，涉及总投资约人民币582.09亿元。设计总规模为年处理生活垃圾量约3621万吨，年上网电量约117亿千瓦时，年处理污泥约7.3万吨及年处理餐厨垃圾约69.5万吨。如表3-7所示。

表3-7　光大国际垃圾发电项目(国内)

项　目	所在地	日处理垃圾规模(吨)	总投资(人民币亿元)
苏州垃圾发电项目一期	江苏省	1050	4.89
苏州垃圾发电项目二期	江苏省	1000	4.50
苏州垃圾发电项目三期	江苏省	1500	7.50
宜兴垃圾发电项目一期	江苏省	500	2.38
江阴垃圾发电项目一期	江苏省	800	3.89
江阴垃圾发电项目二期	江苏省	400	2.05
江阴垃圾发电项目三期	江苏省	1000	5.80
常州垃圾发电项目	江苏省	800	4.13
镇江垃圾发电项目一期	江苏省	1000	4.13
镇江垃圾发电项目二期	江苏省	400	2.00
宿迁垃圾发电项目一期	江苏省	600	3.24
宿迁垃圾发电项目二期	江苏省	400	2.36
南京垃圾发电项目一期	江苏省	2000	10.30
南京垃圾发电项目二期	江苏省	2000	9.87
邳州垃圾发电项目一期	江苏省	600	3.30
常州新北垃圾发电项目一期	江苏省	800	4.20
常州新北垃圾发电项目二期	江苏省	700	3.70
吴江垃圾发电项目	江苏省	1500	8.90
沛县垃圾发电项目一期	江苏省	500	2.50
高淳垃圾发电项目	江苏省	500	2.60
无锡锡东垃圾发电项目 (修复及委托运营)	江苏省	2000	0.27
泗阳垃圾发电项目一期	江苏省	600	3.93
宝应垃圾发电项目	江苏省	500	4.25
济南垃圾发电项目	山东省	2000	9.01

续表

项　目	所在地	日处理垃圾规模（吨）	总投资（人民币亿元）
济南垃圾发电厂扩建项目	山东省	750	3.60
寿光垃圾发电项目一期	山东省	600	3.38
日照垃圾发电项目一期	山东省	600	3.50
日照垃圾发电项目二期	山东省	400	1.79
潍坊垃圾发电项目一期	山东省	1000	5.86
潍坊垃圾发电项目二期	山东省	500	1.65
平度垃圾发电项目一期	山东省	600	3.60
滕州垃圾发电项目一期	山东省	700	3.39
莱芜垃圾发电项目一期	山东省	600	3.85
新泰垃圾发电项目一期	山东省	600	3.39
莒县垃圾发电项目一期	山东省	500	2.85
邹城垃圾发电项目一期	山东省	600	3.53
邹城垃圾发电项目二期	山东省	300	1.75
莱阳垃圾发电项目一期	山东省	600	3.50
临沭垃圾发电项目一期	山东省	500	2.70
费县垃圾发电项目一期	山东省	600	3.50
邹平垃圾发电项目一期	山东省	700	4.00
齐河垃圾发电项目	山东省	500	3.45
宁波垃圾发电项目一期	浙江省	1000	5.60
宁波垃圾发电项目二期	浙江省	500	1.90
杭州垃圾发电项目	浙江省	3000	18.00
淳安垃圾发电项目一期	浙江省	300	2.10
海盐垃圾发电项目一期	浙江省	800	5.25
衢州垃圾发电项目	浙江省	1500	8.85
三亚垃圾发电项目一期	海南省	700	4.26

续表

项　目	所在地	日处理垃圾规模(吨)	总投资(人民币亿元)
三亚垃圾发电项目二期	海南省	350	1.66
博罗垃圾发电项目一期	广东省	700	4.47
博罗垃圾发电项目二期	广东省	350	1.80
东莞麻涌垃圾发电项目 （委托建设及运营）	广东省	1500	8.35
惠东垃圾发电项目一期	广东省	600	3.34
惠东垃圾发电项目二期	广东省	600	2.19
益阳垃圾发电项目	湖南省	800	3.72
永州垃圾发电项目	湖南省	800	4.10
湘乡垃圾发电项目	湖南省	500	3.29
马鞍山垃圾发电项目一期	安徽省	800	4.50
遂宁垃圾发电项目	四川省	800	4.50
乐山垃圾发电项目	四川省	1000	6.53
兰考垃圾发电项目一期	河南省	500	3.10
新郑垃圾发电项目一期	河南省	1000	5.20

　　垃圾处理厂面临的最大考验主要是大气污染问题,然后是周边的土壤和水资源污染问题。生活垃圾经过焚烧以后会产生酸性气体,比如二氧化硫、氯化氢气体等,这些气体是导致酸雨现象频繁的罪魁祸首。除了酸性气体以外,还有氮氧化合物和二噁英。垃圾焚烧还会产生飞灰、炉渣和渗滤液。渗滤液主要产生在垃圾焚烧之前,并且在垃圾经过堆积发酵之后渗滤液会散发恶臭。受我国居民饮食习惯的影响,我国垃圾中水分含量较高,因此渗滤液问题较为严重。飞灰和炉渣则产生在垃圾焚烧之后,并且炉渣中会含有重金属,需要专业化处理。

　　许多地区难以建立垃圾焚烧处理厂的最主要原因是会产生大气

污染,恶臭气体的产生对周边居民的日常生活造成影响。但是在光大国际的垃圾焚烧场内并不是这样的。光大国际的焚烧发电厂有"花园式发电厂"的美称,垃圾场内道路干净整洁,也没有我们想象中的恶臭。这一切都与光大国际高效、专业的垃圾处理能力密切相关。

针对垃圾处理的整个流程,光大国际显得十分专业。垃圾被运输到处理厂后,并不是直接投入焚烧炉进行焚烧。工作人员会对新鲜的垃圾进行堆肥处理,这一步可以使垃圾发酵产生的甲烷气体帮助后续的焚烧工作。厂区内有专门的密封储存仓库,可以最大程度地减少异味。在焚烧的过程中,工作人员会严格检测排放的各类气体以及焚烧炉的温度。针对酸性气体,技术人员会采用喷淋石灰的方式对其进行中和,对于氮氧化合物则需要进行专业的脱硝处理;而在

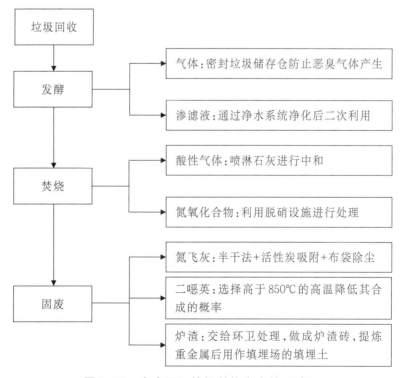

图3-19　光大国际垃圾焚烧发电处理流程

垃圾焚烧过程中要减少二噁英的产生,只需要将焚烧的温度控制在850℃之上并且加热两秒,这种物质就会分解。针对燃烧产生的烟尘,则可以采取布袋除尘法进行拦截。而对于炉渣则有三种处理方式。在光大国际部分垃圾焚烧发电处理场内,他们在对炉渣进行重金属提炼以后用作垃圾填埋场的填埋用土或者锻造炉渣砖,更多的则是交给环卫处进行进一步处理。

根据光大国际官网披露的数据,平均每一吨垃圾焚烧产生的热量可以发340度电,相当于两户家庭一个月的用电量。相较于垃圾的填埋处理,垃圾焚烧发电在很大程度上实现了垃圾处理的"3R"原则。首先进行焚烧处理后的垃圾体积可以减少90%,如果再进行相应的处理用作锻造炉渣砖,那么最终需要填埋的固体仅为原有体积的3%,彻底实现了垃圾处理的"减量化"。其次,渗滤液的净化二次利用,炉渣砖的制造以及焚烧产生的电力都满足了垃圾处理"再利用"的原则。最后,重金属在提炼以后也可再利用,满足了"再生"原则。

虽然光大国际垃圾焚烧发电项目在现阶段看起来是一个近乎完美的垃圾处理方式,但是从企业的经济效益来看,它并不是生活垃圾最完美的处理方式。由于生活垃圾湿度较高,很有可能导致燃烧不充分产生毒害物质。

在我国,垃圾的收集运输事项一直由市政环卫接手,垃圾焚烧处理公司在接收垃圾之前无法强制分类。在接收垃圾之后,如果想要进行分类就要投入大量的人力物力,这显然是不现实的。在强制垃圾分类之前,居民没有垃圾分类的意识,就算居民开始垃圾分类,但是收集垃圾的装运车依旧会将各类垃圾一起装运。垃圾分类实行时间还不长,居民的垃圾分类意识依旧较为薄弱,就算有分类意识也难免分错。因此,如果想要采取高温堆肥的方式,相关企业就要在垃圾收集的源头大做文章。由于我国的垃圾分类落实不到位,堆出来的肥料中有许多重金属及化学物质,是不能用于农作物种植的,因此高温堆肥的方式对于我国的企业来说经济效益较为低下。总的来说,垃圾焚烧处理并不是最好的方式,但在现阶段是最适合我国国情的方式。

八、农村污水治理产业的发展:碧水源

(一)MBR技术与传统污水治理技术的区别

在我国众多污水处理企业中,碧水源采用的是MBR技术(膜生物反应技术),其他企业采用的是传统的活性污泥法技术,其流程如图3-20所示。相较于传统的活性污泥法技术、氧化沟法、厌氧—缺氧—好氧法和序批式活性污泥法,碧水源采用MBR技术处理后的再生水品质远远高于传统技术。如图3-21所示。

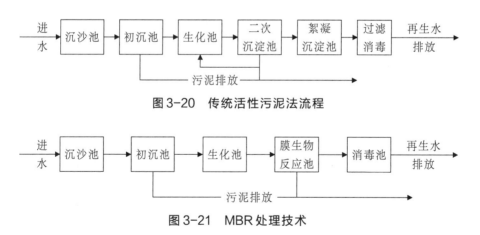

图3-20　传统活性污泥法流程

图3-21　MBR处理技术

在国外水处理领域,MBR技术是普及度非常高的一种常用技术,它可以极大程度地去除水中的有害物质。但是在我国,这种技术的普及率非常低,出现这种现象的主要原因是:在膜生物反应池这一步骤中,需要用到的膜往往依赖从国外进口,这就造成成本大大提高。幸好目前随着我国相关技术的提高,已经出现国产膜,在前期生产和

后期维护运营上所需要花费的资金也大大下降。

(二)智能一体化污水净化系统助力碧水源农村污水治理

　　我国农村人口基数大,农村公共厕所的普及率低。居民的生活污水往往直接排放导致农村污水直排问题严重,亟待解决。在工业废水处理领域市场逐渐饱和的今天,农村污水处理领域依旧存在着巨大的市场空间,但是由于农村居民住所较为分散,铺设大量的污水管道网需要耗费大量资金,农村的污水处理一直是我国污水治理领域的短板。碧水源科技有限公司是我国环保产业水处理细分行业的龙头老大,它以独特的MBR处理技术成功布局我国的农村污水处理市场。

　　碧水源是最早一批进入农村污水处理领域的企业之一,它能够成功攻克让其他企业头疼的农村污水治理市场最主要的原因就是他们采取的MBR技术。针对农村生活污水分散这一特点,碧水源科技有限公司推出了智能一体化污水净化系统(ICWT)。智能一体化污水净化系统是一种将生物技术和MBR技术相结合的污水处理系统。这种系统十分适合农村污水分布广、无法集中收集、规模较小的特点。碧水源的智能一体化污水净化系统经常被用于农村的小区域生活污水、公共厕所、应急废水处理等中小规模的生活污水处理。通过智能一体化污水净化系统,农村的生活污水可以直接被处理成为高质量的再生水资源。

　　碧水源的第一代智能一体化污水净化系统处理的再生水可以到达地表Ⅳ类水标准。这类水资源虽然不能用作饮用水,但是可以直接就地循环,用于公共厕所的冲水、景观喷泉和浇灌树木等用途。2016年,碧水源又在第一代智能一体化污水净化系统的基础上进行了优化。第二代污水处理系统在第一代的基础上更加集合化、模块化,运输变得更加便捷,安装也更方便。这些优化使得碧水源的智能一体化污水净化系统更加适合农村污水处理。已完成的污水治理项目如表3-8所示。

表3-8　碧水源村镇污水治理项目

项目名称	采用的工艺	进水水质	出水水质
牛家场村污水治理工程	MBR	生活污水	北京1级B
无锡太湖山水城旅游度假区	MBR	生活污水	国家1级A
北京怀柔甘涧峪污水资源化工程	MBR	生活污水	国家1级A
北京怀柔北宅再生水回用工程	MBR	生活污水	国家1级A

（三）新冠肺炎疫情期间，碧水源为疫区用水安全提供强势保障

在新冠肺炎疫情期间，碧水源科技有限公司体现出高度的社会责任感。在武汉方舱医院成立以后，北京碧水源科技有限公司接到任务，要为方舱医院提供医疗污水的消杀和净化工作。2020年2月17日凌晨，装有ICWT的集装箱从基地出发，这个智能一体化污水净化系统的日处理量是500吨。2月17日下午到达方舱医院，2月18日凌晨安装测试完毕。从接到指令到测试结束投入应用，整个过程不超过24小时，真正体现了中国速度。

除了处理医疗污水，在疫情期间碧水源还负责武汉的应急供水需求。碧水源是我国住建部"国家供水应急救援能力建设"项目的技术装备承担单位，碧水源研发的城镇应急供水车能够在复杂的卫生条件下保障用水安全。此外，它作为移动的供水设备，还具有灵活机动的特点。

不管是医疗废水的处理还是饮用水资源的应急供应，都离不开碧水源自主研发的ICWT的功劳。碧水源将水资源处理系统模块化，以应对不同地区不同环境的需求，真正做到了机动与高效相结合。

九、小环境空气治理产业的发展：格力

(一)研发—上市耗时短

2019 年年末的新冠疫情将小环境空气治理产业向前推进了一大步。自新冠肺炎疫情发生以来，格力就开始紧锣密鼓地研制可以消灭新型冠状病毒的空气净化器。从大年初二开始，格力空气净化器的研发部门工作人员就将吃住都搬到了办公室。经过55天的努力，格力于2020年3月18日正式在网上商城推出了这款可以消灭新型冠状病毒的室内小环境空气净化器。据格力官方的介绍，这款空气净化器可以有效消灭空气中99%的新型冠状病毒，从而阻断病毒的传播途径。3月21日，格力将这款空气净化器送到了武汉的金银潭医院。

(二)助力复工复产

众所周知，新冠肺炎主要是通过呼吸道以及密切接触传播，患者的飞沫会在空气中形成气溶胶，在密闭的环境中会被健康的人群吸入从而造成大规模的传播。因此，在新冠疫情暴发的初始阶段，政府采取的主要措施是停工停产，减少密闭环境人员聚集的机会。此次新冠疫情暴发适逢我国农历春节假期，因此适当延缓复工复产是可以的，但是疫情持续时间之久也是大家始料未及的，一味地停工停产显然是不现实的，而且夏季来临时疫情仍未结束，而夏季室内必然会开空调，因此有一款可以消灭新冠病毒的空气净化器是十分有必要的。

(三)小环境空气净化高要求

21 世纪以来，人类已经发生过多起公共卫生事件。如2003年的非典型性肺炎（又称"非典"），还有我们所熟知的登革热——一种通

过蚊虫叮咬传播的急性传染疾病。虽然这种疾病在我国非常少见，但是在科技高速发展的今天，各种突变的病毒越来越多，我们不能保证此类疾病在以后是否会出现。现阶段的空气净化器还不具有除蚊虫的功效，但是在不久的将来这种功能将会被市场所需要。

此外，随着生活节奏的加快和生活环境的恶化，许多人的身体已经处于亚健康状态，过敏、哮喘等呼吸道疾病的发病率日益提高，这都源于我们生活的环境。在空气净化器刚研制出来时，它的主要功效是去除空气中的异味，后来因为市场的需要逐渐出现可以祛除PM2.5等空气中的微小颗粒、祛除甲醛等有害气体的空气净化器。而此次新冠疫情的暴发又将过滤物从普通的气体、固体变成生物病毒。

综上所述，不论是群众出于自身身体健康的考虑，还是政府企业为推进复工复产的层面考虑，在科技高速发展、地球生态环境逐渐恶化、未知病毒种类增加且传染性逐渐加强的情况下，空气净化器的未来市场需求必然增加。

十、环保行业的壁垒

(一)环保企业资质壁垒

与其他行业相同，环保企业想要承接工程也必须具备相应的资质条件，因此一般的企业想要进入环保行业会碰到资质壁垒。根据现在的政策要求，环保企业需要的资质主要有环保专业承包资质、工程设计资质及环评资质等。现阶段的环保工程专业承包企业资质可以分为一级、二级和三级。每一级所需要的标准都不相同，可以承接的工程项目也不同，其中一级的标准最高，可以承接的施工项目种类也最多。如表3-9所示。

表3-9　环保企业申请资质标准

项　目		一　级	二　级	三　级
企业资质标准要求	基础标准	企业近5年承担过单机容量20万千瓦以上火电机组燃煤烟气脱硫工程,或中型核工业废料处理工程,或以下6项中的4项以上工程施工,工程质量合格	企业近5年承担过单机容量12.5万千瓦以上火电机组燃煤烟气脱硫工程,或小型核工业废料处理工程,或以下6项中的4项以上工程施工,工程质量合格	企业近5年承担过单机容量5万千瓦以上火电机组燃煤烟气脱硫工程,或以下6项中的4项以上工程施工,工程质量合格
	禽、畜粪便沼气池工程	单池容积400立方米以上	单池容积200立方米以上	单池容积100立方米以上
	厌氧生化处理池工程	单池容积500立方米以上	单池容积300立方米以上	单池容积200立方米以上
	工业项目的噪声、有害气体、粉尘、污水、工业废料的综合处理工程	中型以上	小型以上	一般
	工业及集中供热燃煤锅炉烟气脱硫工程	35吨以上	20吨以上	10吨以上
	医院医疗污水处理工程	二等乙级以上	一等甲级以上	一等乙级以上
	环保工程单项合同额	1000万元以上	500万元以上	300万元以上
人员要求	企业经理	具有10年以上从事工程管理工作经历	具有8年以上从事工程管理工作经历或具有中级以上职称	具有5年以上从事工程管理工作经历
	技术负责人	具有10年以上从事施工技术管理工作经历并具有本专业高级职称	具有8年以上从事施工技术管理工作经历并具有本专业高级职称	具有5年以上从事施工技术管理工作经历并具有本专业中级以上职称

项　目		一　级	二　级	三　级
人员要求	会计师	高级会计职称	中级以上会计职称	初级以上会计职称
	有职称的工程技术人员	40 人	不做要求	不做要求
	中级以上职称的人员	16 人		
	相关专业工程技术人员	8 人		
	一级资质项目经理	5 人		
	二级资质项目经理	不做要求	5 人	
	三级资质项目经理		不做要求	5 人
资金要求	注册资本金	1000 万元	300 万元	100 万元
	净资产	1200 万元	360 万元	120 万元
	近 3 年最高工程结算收取	2000 万元	1000 万元	300 万元
注：企业具有与承包工程范围相适应的施工机械和质量检测设备。				

(二)国民整体环保意识不强

总体来说,我国国民的整体环保意识较为薄弱。虽然在全球范围内,人们都面临着大气污染、水资源短缺、土地沙漠化、温室效应等一系列环境问题,但是这些问题并未引起大众的警觉。以水资源为例。我国的淡水资源总量为 2.8 万亿立方米,但是我国作为一个人口大国,人均淡水资源排在全世界第 121 位,我国是全世界最缺水的 13 个国家之一。在生活垃圾处理领域,因人口基数大产生的生活垃圾也多,但是可以用于填埋的空地较少,这也是我们在未来几十年需要考虑的事情。但是公众很少会考虑这些,他们甚至觉得,一个人的行动产生的效果并不明显,因此没有必要。

2008 年,我国颁布了"限塑令",在购买商品时塑料袋由原先的免费提供改为收费,但是收费金额较小不足一元,并未起到实质性的作用,直至 12 年后的今天,塑料袋依旧被大量使用。垃圾分类在多年前就被提出,但也一直没有真正落实,直至近些年有了处罚措施才被大家重视,但在执行阶段也因为大众的垃圾分类意识较低,效果不明显。

造成国民环保意识不强的主要原因是我国的环境保护教育不到位。在现阶段的教育体系中没有专门的课程安排、师资力量和相关的教育方案。在孩子上学的各个阶段都没有明确的环保教育,孩子们对我们国家的环保形势没有充分了解,也不能清楚地了解我国现阶段的生态环境到底有多恶劣,对各类环保名词概念不清等现象时有发生。

幸好,随着近些年政府宣传的加强,公众的环保意识有了显著提升,意识到了要保护环境,但是在行动层面上,有些群众表示心有余而力不足。

(三)对高层次人才依存度较高,人员流失严重

我国近些年的经济增长方式已经由粗放型向绿色经济转变,环保行业的重要性和关注度也逐渐上升,发展势头强劲。但是环保行业是一个需要高端技术的行业。目前环保行业高层次的从业人员数量不能满足市场的需求。

首先,随着工业化的推进,废气废水中的化学成分日益复杂,对相关的技术提出了更高的要求。其次,环保设备制造业的商业模式正处于转型阶段,由一开始的常规技术仿制转型为高端技术的创新与研发更需要大量的科研人员。再次,我国推出的"绿色一带一路"主

要推行的就是环保装备出口，只有提高环保装备的竞争力才能够更好地走向世界。除了科研人员之外，环保企业数量的快速增加对设备运行管理人才的需求量也大幅增加。

(四)高成本、低利润的重资产模式

环保企业的主要盈利模式是所服务的企业的支付和国家政策的支持。其中政府是环保企业出资的主体，在全国范围内政府每年的出资总额高达数千亿元。然后是下游企业的支付，环保企业给需要治理的企业或者政府提供设备、技术以及人才和服务上的支持，企业支付相应的报酬。再者就是处理过程中的二次利用，诸如垃圾焚烧产业的热能发电、可回收产品的二次加工售卖等。最后就是出售技术研发专利获得收益。

现阶段我国环保产业合作最多的客户是政府。与政府合作的项目往往比较大，在定价上政府掌握着主动权，企业获利较低，一旦成本没有控制好，或者政府未按时缴付货款，那么该企业的资金链就会有断裂的风险。环保企业经常收不到后期的工程款，因此资金流对于环保产业来说是一种重大的考验。另一类合作客户是环保设备制造类公司。环保设备制造类公司在设备售出之后需要花费大量的时间和精力进行后续安装和服务，而且这类公司需要在前期投入大量的研发经费，这对环保企业是一项重大的考验。

十一、PPP模式初步解决环保产业重资产壁垒

我国的环保行业大致可以分为两类，一类是工业废气废水治理，另一类是市政生活垃圾和生活废水的处理。在市政领域有规模大、投入大和时间投入长的特点，但是市政领域的回报率相对较稳定。因此在该领域逐渐推广了PPP特许经营的模式。从所有权角度来讲，

PPP 模式可以分为外部、特许经营和私有化三类。从应用的领域来讲,PPP 模式又可以分为单一项目、单一领域和区域保护三个层次。PPP 项目是一种企业、政府和环保专业机构合作的投资模式。

环保行业的 PPP 项目从发起到最后实施共有三大步骤。具体流程如下:第一阶段是项目的识别阶段。地方政府根据现实需要发起项目,在市政领域的 PPP 项目大都以生活垃圾、污水的处理以及生活用水的供给(建造水库、水厂等)为主。在政府发起若干个项目之后,通过对这些项目进行评估并结合财政能力和各个项目的轻重缓急选取最终项目。第二阶段是项目的准备阶段。在这一阶段中,需要组建相应的管理方案、编制实施方案并且提交审核。第三阶段为项目的采购实施阶段。该阶段需要制定相应的采购预算,做出预算报表,向社会企业进行公开招标并签署相关的合同。在项目建成后,也就是在最后的项目移交阶段,要进行资产交割和绩效评估等。

该类项目以政府为主导,在地方政府对项目进行评估以后采取公开招标的方式吸引社会资金的注入,并且让出产权或者特许经营权,将环保产业的融资需求转化成为市场需求,从而更好地解决环保企业前期投入过大而难以发展的问题。

我国的 PPP 项目从 2014 年被提出至今不到十年,因为 PPP 项目所涉及的环节众多,专业性较强,目前还存在着许多问题。首先是 PPP 项目涉及政府和企业双方,通过合约规范双方的行为,但是政府可以通过各种权力来干涉合约的正常履行,当班子换届时常常会有不符合条约的行为发生,政府还可能会单方面修改项目的设计方案和预算等,这对 PPP 项目的推进造成巨大的影响,易损害合作企业的权益。其次是现阶段的 PPP 项目虽然收益稳定,但是收益率较低,对社会资本的吸引力不够。在社会资本进行竞标时存在恶意低价竞争,最终招标方为了降低成本而牺牲了项目的质量,这将给后续的运营带来隐患。根据数据统计,现阶段PPP项目的普遍回报率在8%—10%,周期长、收益率低都将严重影响项目的质量。再次,我国关于PPP项目的立法还不够完善,社会资本不能得到良好的法律支持。最后是企业退出机制不健全,PPP项目的收益期长,并且许多合同明确规定在几年之内不得退出。立法的不健全和退出机制的不完善,都将直接减弱社会资本的活力。

当今,随着PPP模式的发展,国家的相关政策法规也会逐步完善,政策的重叠和矛盾问题也会得到缓解,PPP项目的可操作性也会进一步加强,缓解企业进入环保行业的资产壁垒。

十二、我国绿色环保产业总体发展契机、瓶颈及应对举措

保护生态环境一直是全球努力的目标,而工业化进程的加快又对环保行业提出了新的要求。早在20世纪七八十年代,西方国家的环保产业就开始高速发展。我国由于工业化进程比西方国家缓慢,因此环境问题突显也较为缓慢,直至21世纪初我国的环保产业才进入快速发展的阶段。环保行业的发展与国家相关政策的变化息息相关,当环保政策趋严时,环保产业通常都会有一个高速发展阶段。而近年来,我国的环境问题突出,国家也出台了众多环保政策,环保产业又迎来了新的契机。

垃圾分类的强制实施给绿色环保的整个产业链带来了新的契机。首先是在环保设备制造业。垃圾分类促进了各类垃圾转运车的需求量上升;在新型冠状病毒疫情的大环境下,消杀装备、医疗废水处理装备、医疗废弃物转运装备和室内消毒空气净化器的需求量大幅上升,公众的购买意识增强,也为环保设备产业打下了良好的市场基础。此外,此次疫情也提升了我国相关装备研发团队的创新能力,提高了我国环保装备制造业的国际竞争能力。其次是在城市生活垃圾

处理领域。垃圾分类降低了生活垃圾的处理成本,使得垃圾处理厂的收益增加。此外随着城镇化进程的加快,生活垃圾产量大幅增长,垃圾处理厂的市场需求大大增加,为了促进生活垃圾处理能力的提升,国家相关的帮扶政策也频频颁发。

但是,伴随着机遇而来的还有挑战。分析我国大气、水体和固废领域所采取的各类处理方式后不难发现,我国的环保行业还存在着众多短板。

第一,专业人才的缺失导致我国环保设备制造业的创新能力不够。环保装备制造业虽然有国家的政策支持出口,但是由于研发人员的创新能力以及相关原材料制造能力不足,我国生产的环保设备在国际市场上,不论是在成本还是在性能方面都没有强大的竞争力。而人才的培养并不是在短时间内就可以完成的,并且我国环保行业的人才流失率较高。

第二,由于技术的不成熟,许多环保企业在处理废气废水时都要投入大量的药剂导致成本上升。在延伸的产业链中,由于设备及技术的限制,以垃圾处理产业为例,焚烧后所产生的热量收集率不高,因为技术原因不能采取最适合我国的垃圾堆肥方式都将导致企业获利减少。环保企业成本过高导致获得的利润较少,现有企业能够自主获利的很少,大都需要依靠国家的扶持。

环保企业在我国作为起步不久的新生朝阳行业,还存在着诸多不足,但是国家政策的扶持、市场需求的激增都表明环保产业将会有一个良好的前景,越来越多的企业会加入这一行业,现有的短板很快会被补足,环保产业也将变成今后几十年的重头戏。

参考文献

[1]朱跃序,陈祎.促进环保产业发展的税收优惠政策探究[J].税务研究,2016(6):97-101.

[2]彭岩波,徐顺青,逯元堂,等.环保投资对环保产业拉动作用的定量研究——基于投入产出模型[J].生态经济,2016,32(7):92-95.

[3]林德簪,陈加利,邱国玉.中国环保产业的绿色金融支持因子研究——基于中证环保产业50指数成份股的实证分析[J].工业技术经济,2018(5):129-135.

[4]姜英兵,崔广慧.环保产业政策对企业环保投资的影响:基于重污染上市公司的经验证据[J].改革,2019(2):87-101.

[5]赵剑.基于产业链理论视角的神华集团节能环保产业发展策略研究[J].中国煤炭,2016,42(6):126-129.

[6]郭建卿,李孟刚.我国节能环保产业发展难点及突破策略[J].经济纵横,2016(6):52-56.

[7]王小平,王月波,贾琳琳.环保产业园区发展的战略及实施路径选择——基于对环保产业园区发展特征分析[J].价格理论与实践,2016(10):144-147.

[8]林玲,赵旭,赵子健.环境规制、防治大气污染技术创新与环保产业发展机理[J].经济与管理研究,2017,38(11):90-99.

[9]张建宁.关于环保企业商业模式的探究[J].经贸实践,2017(22):123.

[10]袁栋栋.我国环保产业现状及环保企业商业模式[J].中国环保产业,2014(10):16-20.

[11]宫长星.环保企业商业模式实用研究[J].中国市场,2017(10):21-23.

[12]张正荣,王晶晶.基于产业链的环保企业商业模式创新研究综述[J].特区经济,2018(9):66-68.

[13]吴飞扬.科技型环保企业商业模式分析——以碧水源公司为例[J].中阿科技论坛(中英阿文),2020(2):18-22.

[14]王金凤,王永正,冯立杰,等.创新基因学视角下商业模式创新方法研究[J].科技进步与对策,2020,37(1):18-27.

[15]迟考勋,邵月婷.商业模式创新、资源整合与新创企业绩效[J].外国经济与管理,2020,42(3):3-16.

[16]段娟.中国环保产业发展的历史回顾与经验启示[J].中州学刊,2017(4):29-36.

[17]胥彦玲,李纯,闫润生.中国智慧环保产业发展趋势及建议[J].技术经济与管理研究,2018(7):119-123.

[18]王艳华,傅泽强,邬娜,等.我国环保产业投入与产出的空间非均衡性分析[J].环境科学研究,2018,31(4):593-600.

[19]胡溢轩.中国环保产业的发展脉络与政策演变——基于国家、市场、社会三维视角[J].中国地质大学学报(社会科学版),2018,18(1):95-103.

[20]邬娜,王艳华,吴佳,等."一带一路"背景下我国大气环保产业"走出去"的对策研究[J].中国工程科学,2019,21(4):39-46.

[21]李林子,傅泽强,李雯香.基于创新价值链的我国环保产业技术创新效率评价[J].科技管理研究,2019,39(13):74-80.

[22]何欢浪,陈璐.纵向关联市场、环境政策强度和中国环保产业的

发展[J].商业研究,2019(1):71-77.

[23]傅春,王宫水,李雅蓉.节能环保产业创新生态系统构建及多中心治理机制研究[J].科技管理研究,2019(3):129-135.

[24]凌玲,董战峰,林绿,等.绿色金融视角下中国金融与环保产业关联研究——基于多年投入产出表的分析[J].生态经济,2020,36(3):51-58.

[25]马比双,刘铁.环保上市公司发展现状与对策研究[J].现代经济信息,2019(21):49+51.

第四章

中国绿色环保技术创新发展

　　绿色,已经成为中国经济的底色。无论是习主席提出的"绿水青山就是金山银山",还是中国企业家俱乐部提出的"绿公司",全国从上到下统一形成了绿色发展理念。本章主要概述我国绿色环保技术发展现状、技术创新,以及绿色环保行业和技术的未来趋势。

一、绿色环保技术概念

(一)绿色环保技术

1. 绿色环保技术定义

　　绿色技术是指根据环境价值并利用现代科技的全部潜力的技术。从广义上理解,环保技术是指在尊重生态经济规律的基础上,实现节约资源和保护环境、促进人与自然和谐、实现经济社会可持续发展的技术方法和手段。与一般传统技术的最大不同在于,环保技术的目标不仅仅是促进经济发展,更多的是考虑环境保护的问题。

2. 绿色环保相关技术指标

　　绿色技术不是只指某一单项技术,而是一个技术群,或者说是一整套技术,包括持续农业与生态农业,清洁生产,生态破坏和污水、废气、固体废物防治技术,以及污染治理生物技术和环境监测技术,这些技术之间互有联系。

绿色技术具有高度的战略性,它与可持续发展战略密不可分。可持续发展战略作为世界各国共同遵循的发展之路,是21世纪人类生存与发展的唯一可选途径。要实现可持续发展,绿色技术是必不可少的一个工具。

绿色技术是个相对动态发展的概念,随着技术进步、社会发展,绿色技术的内涵与外延也在不断地变化和发展。

绿色技术往往与高新技术相结合,关系紧密。例如利用太阳能制氢可以获得最清洁的燃料,从而有效地防止燃烧化石燃料所造成的大气污染。

(二)绿色环保产业的划分

环保产业的范畴十分广泛,按照不同的目的和要求,可以将其进行多种角度的划分。在我国,环保产业主要有四种类型:自然资源开发与保护型环保产业、清洁生产型环保产业、污染源控制型环保产业、污染治理型环保产业。

二、环境保护技术现状

(一)污染治理技术现状

1. 环境污染来源及特征

环境污染指有害物质或因子进入环境系统,并在环境中扩散、迁移、转化,使环境系统结构与功能发生不利于人类及生物正常生存和发展的现象。环境污染有多种不同类型的划分方法。按照环境要素可分为水污染、空气污染、固体废物污染、土壤污染;按人类活动可分为工业环境污染、城市环境污染和农业环境污染;按照造成污染的性质、来源可分为化学污染、生物污染、物理污染(噪声、放射性辐射、光、热、电磁波等）、固体废物污染和能源污染。

环境污染控制的途径主要有：第一，防止大量污染物进入水、大气和土壤系统，破坏人类及生物正常生存环境，保证人体及生物体的生命健康；第二，恢复水、大气、土壤等自然生态系统的使用功能；第三，为人类生产生活提供舒适、安全的自然环境及人工环境。

污染控制方法主要有以下几种：浓度控制、末端控制、全过程控制、分散控制和集中控制。

浓度控制是采用控制污染源排放口排出污染物的浓度来控制环境质量的方法。排放浓度标准依据国家制定的全国统一执行的污染物浓度排放标准。在过去的十几年内，中国的污染控制主要采用污染物浓度排放标准。浓度控制实施管理方便，对管理人员要求不高，适合中国经济发展的实际状况，对中国的污染控制起到了非常重要的作用。但是对于那些环境污染严重的地区，即使所有的污染源都达标排放，由于污染源数量的不断增加，污染物排放总量仍然会继续增加。污染物排放总量控制则是根据区域环境目标（环境质量目标或排放目标）的要求，预先推算出达到该环境目标所允许的污染物最大排放量，然后通过优化计算，将允许排放的污染物指标分配到各个污染源。排放指标的分配应当根据区域中各个污染源不同的地理位置、技术水平和经济承受能力进行。

末端控制又称"尾部控制"，是环境管理部门运用各种手段促进或责令工业生产部门对排放的污染物进行治理或对排污去向加以限制。这种控制模式是在人类的活动已经产生了污染和破坏环境的后果后，再去施加影响，属于被动、消极的控制方法。它是一种原始、传统的污染控制方法。由于末端治理是一种治标的措施，投资大、效果差，因此随着工业的发展和环境污染问题的日益突出，我国的污染防治对策必然要从污染的末端控制转向生产的全过程。

全过程控制又称"源头控制",是针对末端控制提出的一项控制方式。它主要对工业生产过程进行从源头到最终产品的全过程控制管理,对生产系统的物质转化进行连续、动态的闭环控制,以实现资源利用的最大化和废物排放的最小化。全过程控制以清洁生产为主要内容。通过利用清洁能源和原料,采用清洁的生产过程来生产清洁的产品,从而最大限度地削减污染源。因此,全过程控制具有显著的经济效益、环境效益和社会效益,属于主动、积极的控制方式。它是一种治本的措施。

分散控制是以单一污染源为主要控制对象的一种控制方法,也称"点源"控制。分散控制一直是一种普遍推行的控制方法,在污染控制中发挥了一定的作用。但这种控制方式存在投资分散、管理困难、规模效益差、综合效益低等缺点。

与单个点源的分散治理相对的是污染物的集中控制,也叫"面源"控制。污染集中控制是在一个特定的范围内,为保护环境建立集中治理设施或采用集中的管理措施,是强化环境管理的一种重要手段。污染集中控制,应以改善流域、区域等控制单元的环境质量为目的,依据污染防治规划,按照废水、废气、固体废物等的性质、种类和所处的地理位置,以集中治理为主,用尽可能小的投入获取尽可能大的环境、经济和社会效益。

2. 固体废物管理模式

固体废物的体积大,扩散性小,对环境的影响主要是水、气和土壤。固体废物既是空气、水体和土壤污染的"终态",又是这些环境污染的"源头",可分为工业固体废物、生活垃圾和危险废物三大类。固体废物的危害主要有五点:第一,侵占土地。固体废物不加利用时,需占地堆放,堆积量越大,占地也越多,并且严重破坏了地貌、植被和自然景观。第二,污染土壤。废物任意堆放或没有适当防渗措施的填埋会严重污染处置地的土壤。因为固体废物中的有害成分很容易经过风化、雨雪淋溶、地表径流的侵蚀,产生高温和有毒液体渗入土壤,杀害土壤中的微生物,破坏微生物与周围环境构成的生态系统,导致草木不生。第三,污染水体。固体废物不但含有病原微生物,在堆放腐败过程中还会产生大量的酸性和碱性有机污染物,并将废物中的重金属溶解出来,是有机物、重金属和病原微生物三位一体的污染源。第四,污染空气。在大量垃圾堆放的场区,一些有机固体废物在适宜的温度和湿度下被微生物分解,释放出有害气体,造成堆放区臭气冲天、老鼠成灾、蚊蝇滋生;固体废物本身或在处理(如焚烧)时会散发毒气和臭味,造成严重的空气污染。第五,影响环境卫生。城市的生活垃圾等由于清运不及时堆积起来,会严重影响人们居住环境的卫生状况,对人们的健康构成潜在的威胁。

根据防治法要求,固体废物不仅需要处理,更要加强管理,从废物的产生、收集、运输、储存、再利用、处理直至最终处置实施的全过程都要进行管理控制。这种整体管理策略就是把被动的废物末端处理转移到主动防止废物产生上,体现在三个方面:首先是固体废物减量化,通过节约原材料,提高产品循环利用率,尽可能减少废物产生量;其次是废物资源化,即加强废物回收、回用,使之转化为可供利用的二次资源;最后是无害化处理,对不可回收、回用的废物进行处理处置,使之符合环境保护和不危及人类健康的要求。固体废物的全过程管理模式如图4-1所示。

(1)固废减量化

固体废物减量化可通过下面三个途径实现:①选用合适的生产原料,采用清洁能源,实施清洁生产。②采用无废或低废工艺,从源头上消除或减少废物的产生;提高产品质量和使用寿命,则废弃的废物量就少了。③实现资源的综合开发和利用,从自然资源开发利用的起点,综合运用一切有关的现代科技成就,进行资源综合开发和利用的全面规划和设计,从而进行系统的资源联合开发和全面利用,这是最根本、最彻底,也是最理想的减量化过程。

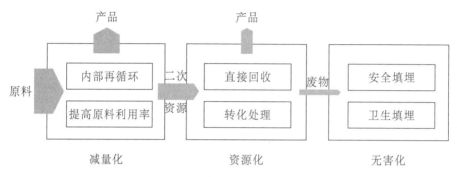

图4-1　固体废物的全过程管理模式

（2）固废资源化

资源化系统是指原材料经加工制成的成品经人们的消费后成为废物,又引入新的生产、消费循环系统,即生产—消费—废物—再生产的一个不断循环的系统。整个系统可以分为两大部分:第一部分称为前期系统,在此系统中被处理的物质不改变其性质,是利用物理的方法（如分选、破碎等技术）对废物中的有用物质进行分离、提取、回收;第二部分称为后期系统,是把前期系统回收后的残余物质用化学或生物学的方法,使废物的物性发生改变而加以回收利用,采用的技术有燃烧、分解等,比前期系统要复杂,成本也高。

（3）固体废物无害化

固体废物无害化是对固体废物管理的最后一个环节,基本任务是对回收利用筛选下来的不可回收的固体废物通过工程处理,达到不损害人体健康、不污染周围自然环境的目的,如垃圾的焚烧、卫生填埋、堆肥,粪便的厌氧发酵,有害废物的热处理和解毒处理等。

3. 固体废物处理技术

固体废物处理是指通过物理、化学和生物等不同方法,使固体废物形式转换、资源化利用以及最终处置的一个过程。固体废物的处理,按其处理目的可分为预处理、资源化处理和最终处置等。固体废物预处理是指采用物理、化学或生物方法,将固体废物转变成便于运输、储存、回收利用和处置的形态。预处理常涉及固体废物中某些成分的分离和收集,因此也是一个回收材料的过程。

(1)压实技术

压实是利用外界压力作用于固体废物,达到增大容量、减小表面体积的目的,以便于降低运输成本、延长填埋场寿命的预处理技术。这种方法通过对废物施加200—250kg/cm²的压力,将其做成边长约1m的固化块,外面用金属网捆包后,再涂上沥青,可缩小固废的体积和改善运输填埋条件,且能防止沉降。

(2)破碎技术

固体废物破碎技术是利用外力使大块固体废物分裂为小块的过程,通常用作运输、储存、资源化和最终处置的预处理。其目的是使固体废物的容积减少,便于运输;为固体废物分选提供所要求的入选粒度,以便回收废物的其他成分;使固体废物的表面积增加,提高焚烧、热分解、熔融等作业的稳定性和热效率;防止粗大、锋利的固体废物对处理设备的损坏。经破碎后固体废物直接进行填埋处置时,压实密度高而均匀,可以加快填埋速度。

(3)分选技术

固体废物分选是实现固体废物资源化、减量化的重要手段,通过分选可以提高回收物质的纯度和价值,有利于后续加工处理。根据物质的粒度、密度、磁性、电性、光电性、摩擦性、弹性以及表面润湿性等特性差异,固体废物分选有多种不同的方法,常用的有筛选、重力分选、磁力分选、涡电流分选、光学分选等。

固体废物的脱水主要用于废水处理厂排出的污泥及某些工业企业所排出的泥浆状废物的处理。脱水可达到减容及方便运输的目的，便于进一步处理。常用的脱水有机械脱水和自然干化脱水两种。热化学处理利用高温破坏和改变固体废物的组成和结构，使废物中的有机有害物质得到分解或转化的处理，是实现有机固体废物处理无害化、减量化、资源化的一种有效方法。常用的热化学处理技术主要有焚烧、热解、湿式氧化等。

（4）焚烧法

焚烧法是对固体废物进行高温分解和深度氧化的综合处理过程，可以回收利用固体废物燃烧产生的热能，大幅度地减少可燃性废物的体积，彻底消除有害细菌和病毒，破坏有毒废物，使其最终成为化学性质稳定的无害化灰渣；热解技术，利用多数有机物的热不稳定性的特征，当这些有机物在高温缺氧条件下时会发生裂解，转化为相对分子质量较小的组分；湿式氧化，适用于有水存在的有机物料，流动态的有机物料用泵送入湿式氧化系统，在适当的温度和压力条件下进行快速氧化，排放的尾气中主要含 CO_2、N_2、过剩的 O_2 和其他气体，残余液中包括残留的金属盐类和未完全反应的有机物。

（5）生物处理

生物处理技术利用的是微生物对有机固体废物的分解作用。它不仅可以使有机固体废物转化为能源、食品、饲料和肥料，还可以从废品和废渣中提取金属，目前应用比较广泛的有堆肥化、沼气化、废纤维素糖化、细菌浸出等，主要有好氧厌氧生物转换、废纤维素糖化技术、细菌浸出。

好氧生物转化—堆肥化处理。堆肥是依靠自然界广泛分布的细菌、放线菌、真菌等微生物，人为地促进可生物降解的有机物向稳定的腐殖质转化的生化过程。堆肥化的产物称为堆肥,是一种土壤改良肥料。堆肥化过程中微生物对氧的需求,可分为厌氧堆肥与好氧堆肥两种。好氧堆肥技术通常由前处理、主发酵(一次发酵)、后处理、后发酵(二次发酵)、脱臭与储藏5个工序组成。厌氧消化法的基本原理与废水的厌氧生物处理相似,是在完全隔绝氧气的条件下,利用多种厌氧菌的生物转化作用使废物中可生物降解的有机物分解为稳定的无毒物质,同时获得以CH_4为主的沼气。

废纤维素糖化技术。废纤维素糖化是利用酶水解技术使纤维素转化为单体葡萄糖,然后通过生化反应转化为单细胞蛋白及微生物蛋白的一种新型资源化技术。

细菌浸出。化能自养细菌能把亚铁氧化为高铁,把硫及还原性硫化物氧化为硫酸,从而取得能源,同时从空气中摄取CO_2、O_2以及水中其他微量元素(如N、P等)合成细胞质。这类细菌可生长在简单的无机培养基中,并能耐受较高浓度的金属离子和氢离子。利用化能自养菌的这种独特生理特性,可以从矿物废料中将某些金属溶解出来,然后从浸出液中提取金属。这个过程称为细菌浸出。

(6)最终处置

固体废物的处置是指最终处置或安全处置,是固体废物污染控制的末端环节,解决固体废物的归宿问题。固体废物处置对于防治固体废物的二次污染起着十分关键的作用。固体废物最终处理主要有两大类:海洋处置和陆地处置。

海洋处置主要有海洋倾倒与远洋焚烧两种方法。海洋倾倒是利用海洋的巨大环境容量,将废物直接投入海洋;远洋焚烧是利用焚烧船将固体废物运至远洋处置区进行船上焚烧。近年来,随着人们对保护环境重要性认识的加深和总体环境意识的提高,海洋处置已受到越来越多的限制。我国不主张海洋处置。

陆地处置主要包括土地耕作、深井灌注及土地填埋。土地耕作处置是利用表层土壤的离子交换、吸附、微生物降解以及渗滤水浸出、降解产物的挥发等综合作用机制处置工业固体废物的一种方法；深井灌注是指把液状废物注入地下与饮用水和矿脉层隔开的可渗性岩层内，一般废物和有害废物都可采用深井灌注方法处置；土地填埋是从传统的堆放和填地处置发展起来的一项最终处置技术。

4. 水体污染相关技术

（1）水体污染源和污染物概述

水体因接受过多的污染物而导致水体的物理特征、化学特征和生物特征发生不良变化，破坏了水中固有的生态系统，破坏了水体的功能及其在经济发展和人们生活中的作用，这种状况称为"水体污染"。造成水体污染的原因有自然和人为两个方面。通常所说的水体污染专指人为的污染。

水体污染源按人类活动内容可分为工业污染源、交通运输污染源、农业污染源及生活污染源。各污染源排出的废污水、废渣、垃圾及废气均可通过各种途径成为水体污染物质的来源。

凡使水体的水质、生物质、底泥质量恶化的各种物质均称为水体污染物（或水污染物）。根据对环境污染危害的情况不同，水体污染物主要有以下六类：固体污染物、耗氧（或需氧）有机污染物、有毒污染物、营养性污染物、生物污染物、油脂类污染物。

水质即水的品质。自然界中的水并不是纯粹的氢氧化合物，因此水质就是指水与其中所含杂质共同表现出来的物理学、化学和生物学的综合特性。在环境工程中，常用"水质指标"衡量水质的好坏，也就是表征水体受到污染的程度。反映水质的重要参数有物理性水质指标、化学性水质指标和生物学水质指标三大类。物理性水质指标包含温度、色度、嗅和味、固体物质；化学性水质指标，包含生化需氧量、化学需氧量、总需氧量、溶解氧；生物学水质指标包含细菌总数、大肠菌群。

（2）水体自净

水体自净的过程很复杂，按其机制可分为三种。第一，物理过程。水体自净的物理过程是指由于稀释、扩散、沉淀和混合等作用，污染物在水中浓度降低的过程。其中稀释作用是一项重要的物理净化过程。废水排入水体后，逐渐与水相混合，于是污染物质的浓度逐步降低，这就是稀释作用。此作用只有在废水随同水流经过一段距离后才能完成。第二，化学和物理化学过程。水体自净的化学和物理化学过程是指污染物由于氧化、还原、分解、化合、凝聚、中和等反应而引起的水体中污染物质浓度降低的过程。第三，生物化学过程。有机污染物进入水体后，在水中微生物的氧化分解作用下分解为无机物而使污染物浓度降低的过程称为生物化学过程。生化自净过程需要消耗氧，所消耗的氧若得不到及时补充，生化自净过程就要停止，水体水质就要恶化。因此，生化自净过程实际上包括氧的消耗和氧的补充（复氧）两方面的作用。氧的消耗过程主要取决于排入水体的有机污染物的数量，氮、氧的数量和废水中无机性还原物（如 sor）的数量。复氧过程为空气中氧向水体扩散，使水中溶解氧增加；水生植物在阳光照射下进行光合作用放出氧气。有机物的生化降解过程如图 4-2 所示。

（3）物理处理法

物理处理法的基本原理是利用物理作用使悬浮状态的污染物质与废水分离。在处理过程中，污染物质不发生变化，即使废水得到一定程度的澄清，也可回收分离出来的物质加以利用。该法的最大优点是简单易行、效果良好，并且十分经济。常用的有过滤法、沉淀法、气浮法等。用超声波处理废水是一种新技术。

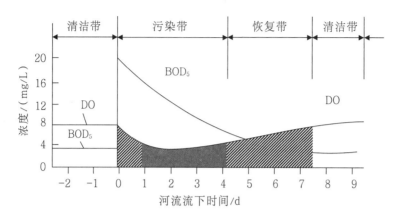

图4-2　河流中BOD和DO的变化曲线

A. 过滤法

格栅与筛网工序是指在排水工程中，废水通过下水道流入水处理厂，首先经过斜置在渠道内的一组金属制的呈纵向平行的框条（格栅）、穿孔板或过滤网（筛网），这是废水处理流程的第一道设施，用以截阻水中粗大的悬浮物和漂浮物。此步骤属废水的预处理，其目的在于回收有用物质，初步澄清废水以利于后续处理，减轻沉淀池或其他处理设备的负荷；保护水泵和其他处理设备免受颗粒物堵塞而发生故障。格栅构造如图4-3所示。

筛网主要用于截留粒度在数毫米到数十毫米的细碎悬浮态杂物，如纤维、纸浆、藻类等，通常用金属丝、化纤编织而成，或用穿孔钢板，孔径一般小于5毫米，最小可为0.2毫米。筛网过滤装置有转鼓式、旋转式、转盘式、固定式振动斜筛等。不论何种结构，既要能截留污物，又要便于卸料及清理筛面。

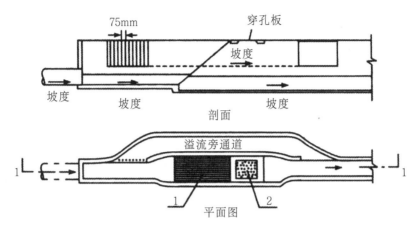

注：栅条截面多为 10mm×40mm，栅条空隙为 15mm×75mm（15mm×35mm 的空隙称为细隙，35mm×75mm 的空隙称为粗隙）。清渣方法有人工与机械两种。栅渣应及时清理和处理。

图 4-3　人工清除栅渣的固定式栅格及布设位置

粒状介质过滤是指废水通过粒状滤料（如石英砂）床层时，其中细小的悬浮物和胶体被截留在滤料的表面和内部空隙中。这种通过粒状介质层分离不溶性污染物的方法称为粒状介质过滤（又称砂滤、滤料过滤）。其过滤方式主要有过滤截留、重力沉降、接触絮凝；其过滤工艺过程主要包括过滤和反洗两个基本阶段，过滤即截留污物，反洗即把污染物从滤料层中洗去，使之恢复过滤功能。

B. 沉淀法

沉淀法是利用废水中的悬浮颗粒和水的相对密度不同的原理，借助重力沉降作用将悬浮颗粒从水中分离出来的水处理方法，应用十分广泛。沉淀基本类型包含分离沉降、絮凝沉降、区域沉降、压缩沉降。其主要设备是沉淀池。根据水流方向，沉淀池有平流式沉淀池、辐流式沉淀池、竖流式沉淀池和斜板斜管沉淀池。

C. 气浮法

气浮法是指在废水中产生大量微小气泡作为载体黏附废水中微

细的疏水性悬浮固体和乳化油,使其随气泡浮升到水面,形成泡沫层,然后用机械方法撇除,从而使得污染物从废水中分离出来。疏水性的物质易气浮,而亲水性的物质不易气浮。因此需投加浮选剂改变污染物的表面特性,使某些亲水性物质转变为疏水性物质,然后气浮除去,这种方法称为"浮选"。气浮时要求气泡的分散度高,量多,有利于提高气浮的效果。泡沫层的稳定性要适当,既便于浮渣稳定在水面上,又不影响浮渣的运送和脱水。

D. 超声波废水处理

主要是通过空化作用、机械剪切力作用、絮凝作用进行物理降解。空化作用机理是通过高温热解、自由基氧化和超临界水氧化对有机物进行分解;机械剪切力作用是在空泡崩灭瞬间产生巨大的瞬间速度和加速度可以断裂化学键的液体剪切力,从而起到降解高分子的作用,改变废水中部分有机物的化学结构和性质;絮凝作用是当超声波通过有微小絮体颗粒的液体介质时,引起颗粒振动并相互碰撞、黏合,体积增大,促进絮凝发生,可使污染物沉淀去除。其处理技术主要有超声波与催化剂联用技术、超声与电化学联用技术、超声波作为传统化学杀菌的辅助技术、超声与生化法联用技术、超声与脱附联用技术。

(4)生物处理法

生物处理法是利用自然环境中微生物的生物化学作用来氧化分解废水中的有机物和某些无机毒物(如氰化物、硫化物),并将其转化为稳定无害的无机物的一种废水处理方法。现代的生物处理法根据微生物在生化反应中是否需要氧气分为好氧生物处理和厌氧生物处理两类,其中主要依赖好氧菌和兼性菌的生化作用来完成废水处理的工艺称为好氧生物处理法。该法需要有氧的供应,主要有活性污泥法和生物膜法两种。

A. 好氧生物处理法

好氧菌的生化过程如图4-4所示。好氧菌在有足够溶解氧的供给下吸收废水中的有机物,通过代谢活动,约有1/3的有机物被分解转化或氧化为CO_2、NH_3、亚硝酸盐、硝酸盐、磷酸盐、硫酸盐等代谢产物,同时释放出能量作为好氧菌自身生命活动的能源,此过程称为异化分解;另2/3的有机物则作为其生长繁殖所需要的构造物质,合成为新的原生质(细胞质),称为同化合成过程。新的原生质就是废水生物处理过程中的活性污泥或生物膜的增长部分,通常称为剩余活性污泥,又称生物污泥。当废水中的营养物(主要是有机物)缺乏时,好氧菌则靠氧化体内的原生质提供生命活动的能源(称内源代谢或内源呼吸),这将会造成微生物数量的减少。

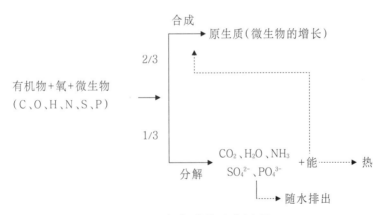

图4-4 好氧菌的生化过程

当废水长期流过固体滤料表面时,微生物在介质"滤料"表面上生长繁育,形成黏液性的膜状生物性污泥,称为"生物膜"。利用生物膜上的大量微生物吸附和降解水中有机污染物的水处理方法称为生物膜法。生物膜法主要有三种:润壁型生物膜法、浸没型生物膜法和流动床型生物膜法。其基本原理是生物膜具有很大的表面积。在膜外附着一层薄薄的缓慢流动的水层,称为附着水层。在生物膜内外、生物膜与水层之间进行着多种物质的传递过程。废水中的有机物由流动水层转移到附着水层,进而被生物膜吸附。空气中的氧溶解于流动水层中,通过附着水层传递给生物膜,供微生物呼吸之用。在此条件下,好氧菌对有机物进行氧化分解和同化合成,产生的CO_2和其他代谢产物一部分溶入附着水层,一部分析出到空气中(沿着相反方向从生物膜经过水层排到空气中)。如此循环往复,使废水中的有机物不断减少,从而净化废水。

B. 厌氧生物处理法

厌氧生物处理(或称厌氧消化)是在无氧条件下,通过厌氧菌和兼性菌的代谢作用,对有机物进行生化降解的处理方法。厌氧菌的生化过程如图4-5所示。用作生物处理的厌氧菌需由数种菌种接替完成。

常用的厌氧处理设备有污泥消化池(化粪池)、厌氧生物滤池、升流式厌氧污泥池等,如图4-6所示。用于稳定污泥的带有固定盖的厌氧消化池内有进泥管、排泥管,还有用于加热污泥的蒸汽管和搅拌污泥用的水射器。投料与池内污泥充分混合,进行厌氧消化处理。产生的沼气聚集于池的顶部,从集气管排走,送往用户。

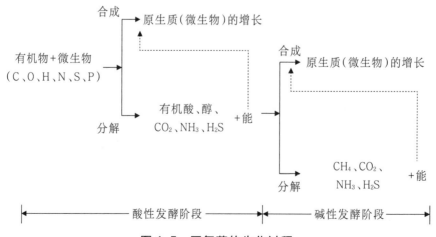

图4-5 厌氧菌的生化过程

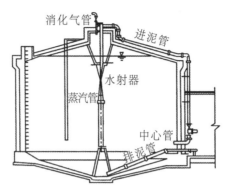

图4-6　固定盖式消化池构造

　　利用天然水体和土壤中微生物的生化作用来净化废水的方法,称为自然生物处理法。常采用的处理方式有生物稳定塘、废水土壤处理法、湿地生态处理法。①生物稳定塘。生物稳定塘是利用天然水中存在的微生物和藻类,对有机废水进行好氧、厌氧生物处理的天然或人工池塘。根据塘内微生物的种类和供氧情况,可分为好氧塘、兼性塘、厌氧塘、曝气塘。②废水土壤处理法。废水土壤处理是在人工调控下利用土壤、微生物和植物组成的生态系统使废水中的污染物得到净化的处理系统。土壤中的大量微生物分解废水中的有机污染物,土壤本身的物理特性、物理化学特性和化学特性可净化各种污染物,同时农作物从进入土壤的废水中吸收大量的氮、磷化合物和有机营养物,使废水得到净化,并通过根系作用,增加土壤透气性以及土壤中微生物的介质作用。通过这些自然生物和化学过程过滤,废水得到净化,最后渗滤到地下水层。③湿地生态处理法。湿地与森林、海洋并称为全球三大生态系统。湿地具有保持水源、净化水质、蓄洪防旱、调节气候和维护生物多样性等重要生态功能,健康的湿地生态系统是国家生态安全体系的重要组成部分和经济社会可持续发展的重要基础。湿地系统作为一项废水处理新技术,主要的类别有自然湿地处理系统、人工湿地处理系统两类。自然湿地处理系统是一种利用低洼湿地和沼泽地处理废水的方法。废水有控制地投配到种有芦苇、香蒲等耐水性、沼泽性植物的湿地上,废水在沿一定方向流动的过程中,在耐水性植物和土壤共同作用下得以净化。人工湿地常规处理方式有3种:表面流人工湿地系统(较少采用)、潜流人工湿地系统和垂直流人工湿地系统。

5. 空气污染相关技术

(1)空气污染概述

空气污染的来源极为广泛,按产生的类型可分为:工业污染源、生活污染源、交通运输污染源、农业污染源。空气污染物的扩散影响一个地区空气污染的因素有以下3个:污染源参数、气象条件和下垫面状况。污染源参数包括污染源排放污物的数量、组成、排放方式,排放源的密集程度、位置等;下垫面是指空气底层接触面的性质、地形及建筑物的构成情况。

(2)机械式除尘器

机械式除尘器是通过质量力的作用达到除尘目的的除尘装置。质量力包括重力、惯性力和离心力,主要的除尘器形式为重力沉降室、惯性除尘器和旋风除尘器等。含尘气流通过横断面比管道大得多的沉降室时,流速大大降低,气流中大而重的尘粒,在随气流流出沉降室之前,由于重力的作用,缓慢下落至沉降室底部而被清除。惯性除尘是利用气流方向急剧改变时尘粒因惯性力作用而从气流中分离出来的一种除尘方法。

(3)有害气体净化

工农业生产、交通运输及人类活动中排出的有害气体种类繁多,需根据它们不同的物理、化学性质,采用不同的技术进行治理。常用的有一般净化法、SO_2净化技术和NO_x净化技术。一般的净化方法有冷凝法、燃烧法、吸收法、吸附法、催化转化法以及生物处理法等。而SO_2的净化主要采用回收法，把SO_2变成有用物质加以回收，成本虽高，但所得副产品可以利用，并对保护环境有利。目前工业上常见脱硫方法主要有氨液吸收法、石灰–石膏法、双碱法、催化氧化法、电子束照射法。在排烟中的氮氧化物主要是NO，净化的方法可分为干法和湿法两类，干法有选择性催化还原法、非选择性催化还原法、（NSCR）分子筛或活性炭吸附法等，湿法有氧化吸收法、吸收还原法以及分别采用水、酸、碱液吸收法等。

（4）汽车排气净化

汽车排放的污染物主要来源于内燃机。汽油机中，有害排放物约占废气总量的5%，柴油机中约占1%，而一辆燃油助动车所排放的有害废气相当于4辆小轿车。汽车排气净化是减少内燃机排放废气中所含的有害成分的方法。它可分为以下三种技术：①燃料处理技术。燃料在进入气缸前进行预先处理，以期减少气缸工作过程中所产生的有害排放物的一种理想净化措施，如对现用燃料的处理，目前主要着眼于减少汽油中的含铅量；采用车用替代燃料，开发车用替代燃料主要是为了解决能源问题，在改善发动机热效率的同时，也带来了改善排放特性的可能性。②机内净化技术。机内净化是从有害排放物的生成机理出发，对内燃机的燃烧方式本身进行改造的一种技术。例如，对内燃机的供油、点火及进排气系统进行改进和最优化匹配等，涉及的技术主要有分层燃烧系统和电喷技术、发动机增压和增压中冷技术相结合的燃油系统。控制有害排放物的产生，使排出的废气尽可能是无害的。这是汽车排气净化的根本办法。③机外净化技术。机外净化是通过附设在内燃机外部的装置对内燃机排出的废气在进入空气之前进行处理，使废气中有害成分的含量进一步降低的技术，主要技术是在排气系统中安装三元催化净化器、微粒过滤器等。

6. 土壤污染相关技术

（1）土壤污染概述

土壤污染是由于人类活动产生的有害物质进入土壤，致使某些有害成分的含量明显高于不受人为干涉情况下土壤该成分的含量，从而引起土壤环境质量恶化的现象。近年来，由于人口急剧增长，工业迅猛发展，固体废物侵占土壤面积不断增加，有害废水不断向土壤中渗透，空气中有害气体和飘尘也不断随雨水降落到土壤中，造成土壤污染。

（2）土壤重金属污染的治理修复技术

治理与修复土壤重金属污染的原理大致有两种：一是改变重金属在土壤中的存在形态，使其固定，降低其在环境中的迁移性和生物可利用性；二是从土壤中去除重金属，减少土壤中重金属总量。为了降低和消除重金属的危害，目前国内外常用的治理重金属的方法有物理法、化学法、生物修复法、农业生态修复法等。

A. 物理治理技术

土壤淋洗法是采用淋洗液（包括无机溶液清洗剂、复合清洗剂、清水、表面活性剂、有机酸及其盐清洗剂、螯合剂等）对土壤进行淋洗，使固相重金属转化为液相重金属，从土壤中转移到废水，再通过对废水进行回收处理，从而实现土壤的修复。换土法有如下几种：①客土法，在污染土壤上覆盖大量清洁土壤；②换土法，把污染土壤取走换上清洁土壤；③翻土法，将污染的表土深翻至底土层；④去表土法，将污染的表土移去，效果好，不受土壤条件限制，但需大量人力、物力，投资大并存在二次污染问题；同时肥力会有所降低，应多施肥料补充肥力。电热处理法是利用高频电压产生电磁波，再通过电磁波作用而产生热能，使一些有机物和具有挥发性的重金属如 Hg（沸点357℃）、As（沸点614℃）从土壤颗粒内解析出来从而达到治理的目的。电动处理法是在电场的作用下，将土壤中的重金属离子（如 Pb、Cd、Cr、Zn

等)和无机离子通过电流的作用以电渗透和电迁移的方式向电极运动,然后进行集中收集处理。玻璃化技术是通过向污染土壤插入电极,对污染土壤固相组分给予高温处理,熔化的污染土壤冷却后形成化学惰性的、非扩散的整块坚硬玻璃体,使得重金属污染物得到固定。

　　B. 化学修复技术

　　化学修复技术常采用的是化学钝化(稳定化)技术,即加入能降低重金属活性的化学药剂或材料,利用其与重金属之间形成不溶性或移动性差、毒性小的物质,使土壤中的重金属活性降低,减少其在土壤中的迁移转化,进而降低其生物有效性。化学修复技术主要有无机质改良修复、有机质改良修复。其中无机质改良修复的改良剂主要包括三种:①石灰、钢渣、高炉渣、粉煤灰等碱性物质。通过对重金属的吸附、氧化还原、拮抗或沉淀作用降低土壤中重金属的生物有效性。②轻基磷灰石、磷矿粉、磷酸氢钙等磷酸盐。可增加离子吸附和沉降,减少水溶态含量及生物毒性。③天然、天然改性或人工合成的沸石、膨润土等矿物。天然沸石对土壤中重金属具有很强的吸附能力,能降低植物对重金属的吸收。有机质改良修复的有机质改良剂按其来源不同可分为第一性生产废弃物(作物秸秆、枯枝落叶等)、第二性生产废弃物(畜禽粪便等)、工副业有机废料(农畜产品加工废弃物)和人类生活废弃物(城乡生活垃圾、人粪尿等)四类。

　　C. 生物修复技术

　　主要有植物修复技术、微生物修复技术、动物修复技术。植物修复是利用绿色植物及其根际圈微生物体系的吸收、挥发、根滤、降解、稳定等作用来转移、容纳或转化重金属、有机物或放射性污染物的技术;微生物修复已成为污染土壤生物修复技术的重要组成部分,该技术利用微生物对土壤中重金属元素具有的特殊富集、吸收和降解能力来修复污染土壤;动物修复是利用土壤中的某些低等动物(如蚯蚓等)吸收重金属的特性,在一定程度上降低受污染土壤的重金属比例,以达到修复重金属污染土壤的目的。

(二)新能源及可再生能源技术现状

进入21世纪以来,全球人口、经济持续增长,世界能源需求增长强劲,油气资源竞争激烈,生态环境压力增大,全球气候变化备受关注;绿色、低碳、可持续发展成为人类文明持续繁荣的科学理性选择。人类已经进入了知识网络时代,作为人类现代文明基石与动力的能源也正面临新的变革。能源领域具有投资大、周期长、关联多、惯性强的特点,其既是经济资源,更是政治资源和战略资源。能源安全问题受到国家高度重视。

1. 太阳能发电

针对太阳能的利用,光伏发电属于一种新的技术类型。我国光伏发电产业发展迅猛。光伏发电指的是太阳能直接转化为电能形式,其原理是利用光照情况下半导体材料在不同部位会有电位差出现光伏效应产生电能。目前,太阳能电池技术、聚光器技术、孤岛效应检测技术等都属于光伏发电关键技术。

(1)太阳能电池技术

在太阳能光伏发电系统中,光伏电池属于最核心部件。当前,光伏电池的大范围使用还存在两个方面的问题:第一,生产成本问题,第二,光电转换效率问题。第一代光伏电池以硅片为基础,虽然其技术发展成熟,但是成本非常高。第二代光伏电池以薄膜技术为基础,光电材料薄,半导体材料消耗有明显减少,能够满足自动化和批量化生产需要。

(2)光伏阵列最大功率跟踪技术

光伏阵列输出功率存在非线性特点,会受到太阳辐射及温度等因素影响。为了确保供电系统中太阳能电池的光电转换能力得到充分发挥，必须要注意对光伏电池阵列工作点的控制，实现功率输出最大化。最大功率跟踪是一个动态性过程，通过检测光伏电池阵列的输出电压和电流，能够明确光伏电池阵列输出功率，与之前存储的功率对比，将光伏电池阵列动态控制在最大功率点。

（3）聚光光伏技术

地表太阳能密度低，为了提高太阳能利用有效性，聚光光伏技术可发挥重要价值。该技术的使用可实现对太阳光的聚集，使其集中在较小面积的聚光电池上，确保太阳光有足够的辐射能量密度。

（4）孤岛效应检测技术

孤岛效应检测有被动式检测和主动式检测两种方法，其中，被动式检测方法主要利用电网断电时逆变器输出端在相位、电压等方面变化检测，主要应用在一些负载功率变化较小的场景。主动式检测主要通过对逆变器额度控制给功率、相位等带来扰动。电网正常运行过程中，电网锁相环处于平衡状态，无法进行扰动的检测，一旦有故障出现，逆变器输出扰动会迅速超过阈值，进而形成孤岛效应。常见的主动检测方法包含频率偏移法、频率移相法等。

太阳能光伏发电技术在实际应用中有较多类型，应用领域广泛，涉及建筑、农业、军事等方面，当前其应用范围还在不断发展和延伸。

（1）独立光伏发电系统

独立光伏发电系统指的是独立运行发电系统，未与公共电网并网，多建设在偏远地区等，或作为移动式便携电源使用，比如边防哨所、通信基站、边远农村。与太阳能的发电特点相结合，发电集中在白天，整个发电系统中还需要有储能元件，虽然供电可靠性容易受到气象环境等因素影响，稳定性差，但当前仍属于边远地区居民主要用电方式。

（2）并网光伏发电系统

并网光伏发电系统在实际应用中连接至公共电网，协调发挥作用，在逆变器作用下对直流电进行转化处理，变为交流电，有相同频率，送入电力系统。公共电网在这一过程中发挥储能环节作用，在并网系统中不需要专门设置蓄电池，整个系统运行成本低，供电稳定性有明显提升。同时，相比于独立光伏发电系统，并网光伏发电系统的电能转换效率明显更高，属于当前太阳能光伏发电的一个主要发展方向。

（3）混合光伏发电系统

混合光伏发电系统指的是在光伏发电系统中引入几种不同发电方式，以此为负载提供稳定电力供应。混合光伏发电系统在实际应用中能够综合利用不同发电技术优势，比如光伏系统不需要较多维护，但是在天气方面有非常大的依赖性，稳定性差。冬天日照差同时存在较大风力地区，可选择光伏发电系统与风力发电系统组成混合发电系统，不需要过多依赖天气，能够使负载缺电率得到有效控制。

（4）光伏建筑一体化

将光伏发电与建筑物相结合具体有两种不同形式：一种是对光伏器件和建筑物集成化发展，利用光伏电池板替代普通玻璃幕墙，直接吸收太阳能；另一种是在建筑屋顶按照平板光伏器件，将光伏与电网并联提供电力供应，形成联网光伏系统。当前市场上出现有彩色光伏模块，以此代替墙体外饰材料，能够在发挥发电作用的同时提高建筑物外观美观性。

（5）光伏发电与LED照明相结合

LED由半导体材料组成，能够实现电能向光能的有效转化，依托LED技术，提高半导体照明效果的同时兼具节能和环保作用，同时使用寿命长，便于维护。光伏发电与LED照明相结合主要是在照明方面应用光生伏特效应理念，通过太阳能电池板将太阳能转化为电能后经 LED 照明设备将光能转化为电能。不需要电能由直流向交流的转化，照明系统效率高。

2. 风力发电

风能是清洁能源，风力发电是运用风能最高效的措施。地球上水流的能量比风能少，各类固体液体燃料之和也不如风能多。在利用新能源的过程中，风能依靠建造速度快、环境条件少、使用效率高等优势受到全球各地的重视。

风力发电的原理和特点。风力发电是一个将风能的机械能转化成电能的过程，这个转化过程由风力发电机和其控制系统实现，当风力进入发电系统后，便成为发电系统的输入信号，系统内的风力控制器输出桨距角信号，对机械的旋转和输出功率进行调整。机械产生的能量会进入发电机，最后转化成电能进入电网。

风力发电系统的类型。常见的风力发电系统主要有三种，包括恒速感应发电系统、变速恒频双馈式发电系统和变速同步发电系统。

（1）恒速感应发电系统

恒速感应发电系统在当前使用得最为广泛，这种系统的构造简单，造价很低，发电过程比较容易控制，后期维护投入非常低；但是这类系统存在着不能有效控制无功补偿的问题，使得供电效率很低。

（2）变速恒频双馈式发电系统

变速恒频双馈式发电系统，发电主要使用在电力生产中，这类系统的优势在于发电具有较高的稳定性，而且容易控制，不需要无功补偿，成本低的同时对风能具有较高的转化效率；但是这类系统比较复杂，使得维护比较困难。

（3）变速同步发电系统

变速同步发电系统，还处于摸索阶段，而且造价很高，目前并没有太多的使用；但是该系统具备不需要无功补偿和稳定性高的优势，具有较高的潜力。

3. 燃料电池

燃料电池（Fuel Cell，FC）是将燃料中的化学能转换成电能的发电装置，它具有高效、清洁的特点，目前已经成为电力能源领域的研究热点，其中装备燃料电池的电动汽车是其主要的研究和应用对象。

燃料电池系统中，燃料和氧化剂从不同入口送入FC反应堆，经过一系列电化学反应最后产生电能。它从表面上看像蓄电池，因为它有阴阳极和电解质等，但实质上它不是蓄电池而是发电机。原则上只要不间断地有燃料和氧化物输入，FC就能不间断地发生电化学反应，为外界提供电能。常见的FC是以氢作为燃料的质子交换膜燃料电池（Proton Exchange Membrane Fuel Cell，PEMFC）。PEMFC工作原理如图4-7所示[①]。

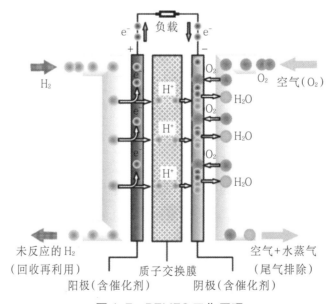

图 4-7 PEMFC 工作原理

---

① 资料来源：根据网络公开资料整理。

国内燃料电池技术现状：

（1）系统方面

国内燃料电池开发以车用质子交换膜燃料电池为主，已经具有系统自主开发能力且生产能力较强。以新源动力、亿华通、氟尔赛、重塑科技和国鸿重塑为代表的企业，具备年产万台燃料电池系统的批量生产能力。然而在燃料电池系统关键零部件方面，中国与国际先进水平差距较大，基本没有成熟产品。

（2）电堆方面

国内燃料电池电堆正在逐渐起步，电堆及产业链企业数量逐渐增长，产能量级提升，到2018年国内电堆产能超过40万千瓦。目前，国内电堆厂商主要有两类：①自主研发，以新源动力、神力科技和明天氢能为代表；②引进国外成熟电堆技术，以广东国鸿为代表，其余企业有潍柴动力、南通百应等。

（3）双极板方面

由于机加工石墨板成本高，复合材料双极板近年来开始走向应用，如石墨/树脂复合材料、膨胀石墨/树脂复合材料、不锈钢/石墨复合材料等。国内新源动力开发的不锈钢/石墨复合双极板电堆已经应用于上汽大通V80轻型客车上。广东国鸿引进加拿大Ballard公司膨胀石墨/树脂复合双极板生产技术，生产的电堆已经装备数百辆燃料电池车。乘用车燃料电池具有高能量密度需求，金属双极板相较于石墨及复合双极板具有明显优势。金属双极板的设计及加工技术主要掌握在国外企业手中，国内企业尚处于小规模开发阶段，但是明天氢能科技公司正在建设年产万台级自动化生产线。

（4）膜电极方面

以新源动力、武汉理工新能源为代表的部分国内企业，初步具备了不同程度的生产线，年产能在数千平方米到万平方米，但还需要开发以狭缝涂布为代表的大批量生产技术。市场上主要生产全氟磺酸膜的企业主要来自美国、日本、加拿大及中国。我国已具备质子交换膜国产化能力,山东东岳集团质子交换膜性能出色,具备规模化生产能力。目前,东岳DF260膜厚度可做到15μm,在OCV情况下耐久性大于600小时。

（5）碳纸产品方面

主要由日本Toray公司等几个国际大生产商垄断,国内碳纸产品尚处于研发及小规模生产阶段。

（6）系统部件方面

氢气循环泵主要依赖进口,空压机还没有能够大批量生产,缺少低功耗高速无油空压机产品。

（三）节能技术发展现状

1. 绿色照明

随着经济社会的快速发展,城市照明作为展示城市夜间形象的重要手段,受到广泛重视。然而,城市照明建设和管理存在粗放化、无序化态势,夜间光污染、光干扰情况日益突出,并已成为全国城市较为普遍的问题。其主要原因之一是照明规划未充分发挥引领和控制作用,对绿色节能重视不足、规划内容难以落地、评价标准不明确,或存在片面化管控情况,亟须对绿色照明规划内容进行科学规范,进而因城施策。主要在以下两方面进行科学管控:功能照明控制,亮(照)度控制,眩光控制,功率密度控制;景观照明指引,亮度指引,照明模式指引,LED显示屏指引,重大光敏感区照明指引。

绿色照明应用技术主要体现在三个方面。①洁净能源应用,能够直接支持城市照明的清洁能源,主要包括太阳能、风能和生物质能等。由于光伏和风电受天气影响明显,普遍存在波动性区域,采用多能互补或与市电互补方式。对于太阳能资源禀赋优良的区域,构建涵盖LED照明、电动汽车充电桩、储能设施、小型光伏发电的街区尺度交流或交直流混合微网,建设具备能源双向流动能力的微循环系统,实现清洁能源自发自用、余电上网、就近消纳。②智能照明系统,应用大数据、云计算、窄宽带物联网、移动互联网技术,对智能照明系统分区、分功能、分级进行节能控制。③智慧照明应用,在智慧照明的适建区,如《深圳前海灯光环境专项规划》提出前海合作区智慧路灯全面覆盖,并采用分区策略模式。智慧路灯将在智能路灯的基础上,增设无线局域网覆盖、信息发布、集成电动汽车充电、安防监控、市政设备巡检等功能。考虑到第五代移动通信技术(5G)的到来,移动站址平均布置半径大幅减小,缩短至200—300m,智慧路灯未来将成为搭载微基站的重要载体。规划要求前海示范区内8m以上高度的灯杆均应预留基站安装位置,高杆灯(高度≥15m)挂载微基站。

2. 建筑节能

绿色建筑是将环保理念与建筑工程施工相结合,实现建筑项目的节能环保,实现建筑业的可持续发展。绿色电气技术是通过电气技术的改革和完善,实现建筑的节能性和环保性,在电气技术应用时以环保节能为重要的参考依据,实现建筑电气的绿色发展。

建筑电气节能设计具体措施包括以下七点。

(1)合理选择变压器

建筑电气节能设计过程中变压器的选择应以负荷情况为基础,对变压器投资、年运行费用进行综合考虑,对负荷进行合理分配,以达到三相负荷平衡的效果。总结以往实践以及经验和建筑案例,变压器负载率在70%—85%时,其经济性、节能性达到最优。

(2)电动机的节能分析

建筑电气节能设计中对于电动机损耗的减少可以通过对电动机

的工作效率、功率因数进行提升得以实现。在具体工程实践中，电动机通常是配套设备，这也使得电气节能设计存在一定局限性，主要节能措施需要在运行过程中实现。

（3）完善电气照明设施的设计

通过对灯具的使用寿命和电力资源节约选择节能灯，同时对灯具工作电压适当降低，以实现节能环保的目的。

（4）光伏建筑一体化技术

光伏建筑一体化技术，是指通过对太阳能光伏产品的运用，将传统的电力能源进行取代，并运用在建筑物上的现代化技术。光伏建筑一体化技术中光伏发电系统主要包括太阳能电池方阵、块状光伏电池、薄膜光伏电池等设备，其工作原理是通过太阳能电池组将太阳能转换为电能，通过光伏发电系统根据建筑实际需求进行对应的电能输出。

（5）绿色照明技术

绿色照明技术主要是对于光源的节能技术，例如 LED、无极灯、直管荧光灯等等，都具有能耗低、寿命长、照明效果良好的特点。

（6）建筑能耗监控技术

建筑能耗监控技术指的是通过绿色建筑物当中的总控制系统对建筑的光伏建筑一体化和绿色照明等技术进行统一控制。在建筑能耗监控技术的整体优化下实现电气设备能耗的统一管理，实现自动化控制、自动化信息处理，能够更好地支持建筑中电气设备的运行、状态控制、意外监控、参数调整等等。

（7）中央空调节能技术分析

中央空调的重要组成部分包括冷却水系统和冷冻水系统，这两部分涵盖了其所有的变频调速技术。中央空调能够在进出水温差中实现水泵的自动调节。通过变频调速技术，能够根据不同需求变换空调功耗和运行状态,以实现满足建筑物功能性的同时,做到节能降耗的目的。

3. 储能技术

当前,新一轮的能源革命正式开始,努力构建清洁低碳、安全高效的现代能源体系是"十三五"时期我国能源发展的目标。储能是构建现代能源体系的关键支撑技术之一。储能市场前景广阔,发展空间巨大。在电力系统,储能可为电网提供调峰调频、削峰填谷、黑启动、需求响应支撑等多种服务,提升传统电力系统的灵活性、经济性和安全性。在新能源开发上,可显著提高风、光等可再生能源的消纳水平,支撑分布式电力及微网。面对越来越普及的新能源汽车,储能将在能源互联互通、融合新能源汽车在内的智慧交通网络起到关键作用。

储能作为能源产业最具发展前景的前瞻性技术,呈现多元发展的良好态势。按照技术类型大致可分为:物理储能(如抽水储能、压缩空气储能、飞轮储能等)、电磁储能(如超级电容器、超导电磁储能等)和化学储能(如铅酸电池、锂离子电池、液流电池、钠硫电池等)三大类。

(1)物理储能方面

抽水蓄能占全球总储能容量的98%,是目前最为成熟的储能技术。中科院工程热物理研究所经过十多年的研究攻关,已突破1—10MW新型压缩空气储能各项关键技术,10MW储能示范系统效率达60.2%,是全球目前效率最高的压缩空气储能系统。中科院工程热物理研究所正在研发100MW级技术,预计额定效率将达到70%左右。飞轮储能属于功率型储能,主要应用在UPS中。

(2)电磁储能方面

超级电容器充放电速度快,适合于需要提供短时较大脉冲功率的场合。国内超级电容研发起步晚,达到市场化水平的企业仅有10多家,其中上海奥威公司技术领先,已达到国际同类先进产品的水平。目前,能量密度低、成本高,以及电池寿命和安全问题是超级电容器面临的主要挑战。石墨烯柔性超级电容器为其发展提供了新思路。超导电磁储能是将电能以电磁能的形式储存在超导线圈中,具有功率密度高、综合效率高和响应速度快的优点,尚处于前期研发阶段。

（3）化学储能方面

铅酸电池技术成型早、材料成本低,是目前发展最为成熟的一种化学电池,缺点是能量密度低、可充放电次数少,制造过程中存在一定污染。我国是铅酸电池的第一大生产国和使用国。铅碳电池是铅酸电池的演进技术,提升了电池的功率密度,延长了循环寿命,是铅酸电池发展的主流方向。

4. 智能电网

我国提出的智能电网是以特高压电网为骨干网架,各级电网协调发展,具有信息化、数字化、自动化、互动化特征的"统一坚强智能电网"。

为实现绿色、低碳、可持续发展,近年来,我国大力推进能源生产和消费革命,大量清洁能源通过特高压电网,从西部能源生产地区源源不断地输送到东部能源消费地区。预计到2030年,我国清洁能源发电装机占总装机的比重将超过55%,电能占终端能源消费的比重将提高到约30%。

我国提出了"坚强智能电网"概念与建设规划。目的是建成经济高效、坚强可靠、透明开放、友好互动、清洁环保的当代电网。目前已经建成的智能电网如图4—8所示①。

---

① 资料来源:根据网络公开资料整理。

国家电网公司在2009年提出"全覆盖、全采集、全费控"的用电信息采集系统建设目标,已累计安装智能电能表达4.6亿只,是目前世界上建设规模最大、覆盖面最广、数量最多的智能电能表应用工程。

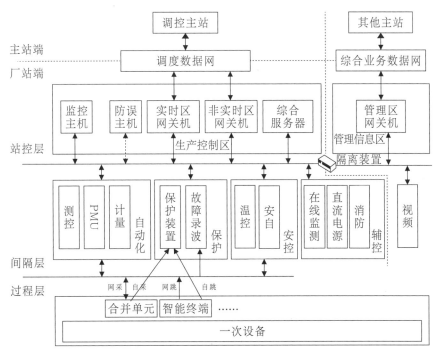

图4-8 智能变电站系统结构

(四)监测检验

1. 传感器监测

传感器包括多种传感器监测手段,如将超声波监测、红外监测、温度热敏等传感技术应用于废气监测技术。传感器监测技术不仅能够判断可燃、易燃、有毒气体是否存在,还能够测定废气中各组分的浓度,以及相关气体的排放量。

红外吸收光谱法应用于监测化工废气中的有毒气体,如CO、CO_2、CH_4、SO_2、CH_4等气态污染物,其原理是当使用红外辐射(1—

$25\mu m$）照射 CO、CO_2 等气态分子时会吸收各自特征波长的红外光，从而引起转动能级的跃迁与分子振动，形成红外吸收光谱。此方法具有操作简便、测定快速的特点，且在测定过程中能不破坏被测物质，是化工企业废气监测较全面且有效的监测技术之一。

电化学反应法的主要原理是企业废气中包含的颗粒污染物如硝烟灰尘等能够与电极或者化学物质如氯化铜等发生电化学反应，检测出相关目标颗粒污染物的浓度。

2. 速采样重量法

速采样重量法是指收集排气管道中颗粒物，通过传感器检测到动压与静压等数字信息，计算出烟气流速、等速跟踪流量等，通过细致比较后计算出控制信号，调整抽气泵抽气能力，使得计算出的采样流量与实际流量相符。

3. 物联网技术

物联网技术在实施的过程中主要借助射频识别技术、追踪技术及通信网络新技术等，取得了较为明显的效果。物联网技术在水环境监测工作中最具有代表意义的应用是由IBM开发的智慧水管理系列项目，其中效果最为良好的要数智慧河流项目研究。举例来说，美国哈德逊河在进行水环境监测工作时，在被监测水域中采用分布式传感器网络，并对水域中的河流断面水量、水质以及气象等参数进行全方位监测，有效提升了监测工作的质量和水平。

4. "3S"技术

"3S"技术主要涵盖的技术包括遥感技术、地理信息系统及全球定位系统，是将空间、地理以及遥感等技术进行有机结合，并对目标地区的信息进行有效的收集与分析，是一种现代信息技术的简称。现阶段，"3S"技术主要应用于水体污染程度监测以及湿地环境监测方面，并取得了较为明显的效果。"3S"技术的有效应用不仅能够提高水质监测工作的效率,还能将信息化以及现代化的科研成果有机结合在一起,对水质进行全方位的监测与控制。但是在新时代背景下,"3S"技术的应用仍存在局限性,并未完全发挥其应有的作用,在未来仍有较大的上升空间。

三、绿色环保技术创新

(一)污染治理

1. 固废技术创新

人们在资源开发和产品制造过程中,会产生废物,很多产品经过使用和消费后也会变成废物。我国《固体废物污染环境防治法》将固体废物分为工业固体废物和生活垃圾两类:工业固体废物是指在工业生产活动中产生的固体废物;生活垃圾是指在日常生活中或者为日常生活提供服务的活动中产生的固体废物。对于生活垃圾,其前处理技术、垃圾分类智能化得到较快发展;工业固体废物的资源再利用、废物资源化也是固体废物处理的一个主要方向。

(1)垃圾分类智能化技术应用

从这几年的发展可以看出,我国利用不同的颜色区分生活、工业、废物等垃圾,开发相应的废弃物处理机、EMK垃圾自动分类机等。处理垃圾的机器发展逐渐智能化,人力随之减少,效率随之提高。利用垃圾自动分类机分类,能够有效解决垃圾的混乱问题,从根本上解决垃圾分类和运输混乱的问题。明确不同的垃圾分类后,将可回收物进行再次利用,能够延长产业链并得到相应的经济收益。做好垃圾处理,带来相应的再次回收和循环利用工作,减轻垃圾危害,形成新的环保绿色产业链。

近年来,垃圾自动分类机被越来越多的人推崇,产品也相继问世,主要有综合倾倒垃圾、传送垃圾、分类区域、循环利用功能,进行全自动智能垃圾管理,构建垃圾分类系统。其中第一次分类关键在于区分金属和非金属、透明和非透明垃圾,在电感式装备带动下,利用开关,发挥光敏传感器的作用,智能分类垃圾。第二次分类主要是在透明垃圾中识别玻璃与塑料,根据两者密度不同,将其放入水中分开。为了使垃圾能够按照一字形状排放在分拣平台上,在垃圾倾倒装置中联合传送带投放传输垃圾。分拣平台系统初始部位与垃圾倾倒与运输系统相连接,连接一个有一定坡度的平台使垃圾到达分拣平台后分类放置,传输装置分别将不同类别的垃圾进行分类。初步分类将透明类的非金属类垃圾随主履带的传动而离开平台,平台尾部是一个容器,容器内部有两个类似于筛子的装置,通过密度将垃圾分类。主动轴通过一个缓冲期主动轴将垃圾转动至垃圾箱,同时利用定滑轮的转向,配合钢丝带动筛子滚动,在杠杆作用下定滑轮带动第二个筛子,形成一个循环滚动的系统,垃圾在第二个筛子上落入垃圾箱,循环分类以再次利用能源。

垃圾分类等智能化系统主要运用条形码技术应用于居民垃圾分类,从源头进行垃圾分类的跟踪和管理。杭州市城市建设科学研究院设计的生活垃圾智能分类系统,其系统结构如图4-9所示。主要技术路线是:采用条形码技术,在每户居民的分类垃圾袋上印制或粘贴条形码,通过条形码识别,采用廉价的单片机对条形码信息及其他垃圾投放信息进行处理和控制,通过驱动垃圾投放机械装置,实现居民分类垃圾的投放,同时将垃圾投放信息通过互联网融入垃圾分类管理信息系统。

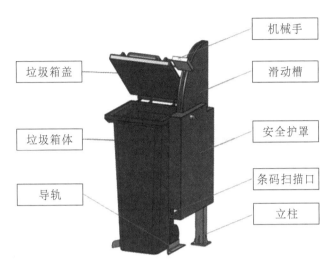

机械手

滑动槽

安全护罩

条码扫描口

立柱

垃圾箱盖

垃圾箱体

导轨

图 4-9 垃圾投放装置

　　该装置主要由条码识别单元、电气控制单元、机械传动单元和通信接口单元组成,如图4-10所示。一片单片机可控制多个组合单元,各单元功能如下。条码识别单元:垃圾袋上印有的条码信息对应居民住址和垃圾类别,投放垃圾时,系统对垃圾袋上的条码进行识别及记录,通过电气控制系统和机械传动系统,自动打开对应的垃圾箱盖。电气控制单元:采用单片机对整个垃圾系统进行运行控制。根据不同垃圾类别信息,对相应的垃圾箱的机械传动系统进行驱动控制;记录居民户垃圾投放信息;垃圾箱满溢时,社区计算机通过互联网,采用短信方式自动报警。机械传动单元:通过驱动电机直接控制通用垃圾箱盖。垃圾投放时自动打开对应的垃圾箱盖,并自动关闭。通信接口单元:通过无线方式进行社区计算机与垃圾分类投放系统之间的信息通信。市级、各城区、各街道计算机:对垃圾分类信息进行统计汇总和查询。通过现场扫描垃圾袋上的条码,快速确定该垃圾的来源,并对分类垃圾"两率"进行打分(主要用于市级、各城区、各街道对社区打分)。垃圾分类管理信息系统软件采用微软的.net 技术,开发适合于浏览器的 web 应用程序系统,采用 sqlserver 数据库作为后台数据存储系统。

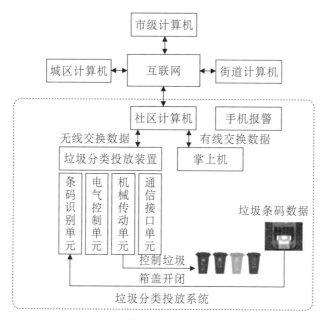

图 4-10　垃圾分类投放系统结构

（2）固废资源化技术发展

我国固体废弃物种类很多,传统生活固废的处理方法主要有填埋、焚烧、堆肥等。当前,我国已经开始应用多种新型固体废弃物处理技术。我国工业固废数量庞大、种类繁多、成分复杂,处理困难较大,但其主体大致可分为各类尾矿、钢铁冶炼废渣、有色冶炼废渣、燃煤电厂粉煤灰、煤矿采掘煤矸石、各类炉渣、脱硫石膏、建筑废弃物等。工业废物的资源化途径主要集中在以下四个方面:一是生产建材。工业固废用作建材的原料,主要包括一些冶金的矿渣和矿山废石,将它们当作铺路的碎石和混凝土的骨料。二是回收工业固废中可利用的成分替代一些原材料,以及研发新产品。如洗矸泥炼焦用作燃料、煤矸石沸腾炉发电、硫铁矿烧渣炼铁、钢渣作冶炼熔剂、陶瓷基与金属基废弃物制成的复合材料等。三是改良土壤和生产化肥。例如利用炉渣、粉煤灰、赤泥、黄磷渣、钢渣和铁合金渣等制作硅钙化肥、铬渣制造钙镁磷化肥等。四是回收能源。一些工业固体废弃物具有潜在能源可以利用。

（3）微生物处理技术

微生物处理技术是一种新型的厨房垃圾处理技术，餐厨垃圾微生物处理技术主要应用好氧堆肥技术和厌氧发酵技术。好氧堆肥技术主要是依靠好氧的微生物在有氧条件下，降解处理堆积在地面或者是专门用于发酵的装置中的有机物，通过这样的方式可以获得具有较强稳定特性、高肥力的腐殖质。市面上此类产品较多，发展较快。

（4）高速活性制肥技术

高速活性制肥技术是将水热化和湿式氧化法相结合，在短时间内将固体废弃物制成肥料。其原理是在温度适中的条件下进行热水解，使得固体废弃物中的糖类、脂肪等有机物快速氧化分解。该技术在生活垃圾处理和死亡牲畜处理方面应用广泛。

（5）水泥窑共处置技术

固体废物水泥窑共处置指的是在水泥的生产过程中使用固体废物，通过固废来替代一次燃料和原料，从固废中再生能量和材料。主要有三种途径：替代原料煅烧熟料（原料化），替代燃料煅烧熟料（燃料化），掺到熟料中磨制成水泥（混合材）。水泥窑可以处置的废物包括工业废渣（燃料渣、冶金渣、化工渣等）、城市垃圾（废塑料、城市垃圾焚烧灰等）、各种污泥（污水处理厂污泥、下水道污泥、河道污泥等）、各种工业危险废物等。此处置技术在日本、德国等发达国家已有多年的应用经验，环境效益、经济效益和社会效益明显。目前国内水泥企业对废物的利用主要局限于原料替代方面，但尚处于摸索阶段。

（6）等离子气化技术

等离子气化技术可以从固体废物中提取可回收的物品和转换碳基废物为合成气，这种合成气是一种简单的一氧化碳和氢气组成的可燃气体，可以直接燃烧或用于提炼成更高等级的燃料和化学品。冷却后的灰渣是一种玻璃状物质，由于其紧密的结构，非常适合作为建筑材料使用。因此基本上能够实现污染物"零排放"。采用该技术可有效地摧毁二噁英等有害物质，特别适合于焚烧飞灰等危险废物的处理。

2. 水污染治理

由于纳米材料具有很高的比表面积，所以具有较强的溶解性、活性和吸附性。此外，纳米材料还具有不连续性，比如超顺磁性、局域表面等离子体共振和量子限制效应。纳米材料在水处理中的应用主要是用于毒性重金属离子的吸附，目前已经开发出简单经济的重金属离子吸附的纳米材料，如三维花状的 CeO_2 的纳米复合材料，经济环保的 Fe_3O_4 和腐殖酸（HA）两种物质经共同沉淀合成 Fe_3O_4/HA 纳米材料，磁性氧化铁－二氧化硅－三亚乙基四胺（Nano－Fe_3O_4－SiO_2－TETA）纳米复合材料等。纳米复合膜过滤是一种介于反渗透和超滤间的分离方法，相比传统的反渗透膜，其能耗需求较少，而比超滤有更合适的孔径去除水中的小分子物质。如采用界面聚合法在聚砜超滤膜表面合成了掺杂 SiO_2 纳米颗粒的聚酰胺－胺（PAMAM）树形分子和均苯三甲酰氯（TMC）新型纳滤复合膜；将银纳米粒子掺杂到多环芳香烃（PAH）和藻酸丙酯硫酸酯钠盐（PSS）中，合成了一种新颖的银纳米复合材料；利用化学转换过的石墨烯（CCG）在多孔的基底上制备出一种超薄（厚度22—53nm）石墨烯纳滤膜（uGNMs）。

3. 废气治理新技术

工业有机废气是大气污染的主要成因之一。近几年,国家对环境治理的力度日益加大,对有机废气排放的标准要求也越来越高,许多地方政府相继出台了地方法规,对有机废气排放制定了更严格的标准。近年来,较多新技术、新材料应用到工业废气的治理中,如生物处理技术。

生物处理技术主要依靠微生物对废气中各种物质的适应能力与消化作用。有以下几个方面的应用:①生物洗涤器的应用。当废气通过吸收室时,生物悬浮液会从吸收室上部喷淋出来,使悬浮液与VOCs废气充分地接触。充分吸收完有机微生物的悬浮液会落入吸收室的下部,并随着导出设备进入再生池,利用空气进行再生。而新鲜的物料也会被反吸回吸收室的喷淋位置,进而构成喷淋—作用—收集—反吸—喷淋的循环回路。VOCs废气通过微生物净化处理之后,会从生物洗涤器的顶部排出。②膜生物技术。生物淡化处理技术主要由膜材料组成,通过面积的不断扩大起到有机废气淡化效果,进一步提高有机废气去除率。膜生物技术是生物技术的一种,膜生物反应器主要依托于传统生物技术中处理废气技术与膜生物技术的相互融合,这种方法具有很高的环保效益。③变压吸附技术。气体组成在不同吸附剂上所体现的吸附特性也不尽相同,具体的吸附量随着压力变化而产生变化,气体也呈现分离、提纯等不同的化学反应,通过这种差异起到有机废气分解、处理的效果。在有机废气处理中,常见的吸附剂有活性氧化铝、硅胶等等。④生物过滤床。将缓冲剂等营养成分掺入其中,内部含有一定湿度的有机废气在经过生物过滤床的时候,生物活性填料层中的微生物能够将其中的有害物质进行捕获,并成为微生物生长的一部分,形成无机碳源。

在众多挥发性有机物(Volatile Organic Compounds,VOCs)治理方法中,蓄热燃烧法被认为是净化效率最高、最节能的方法。其关键设备就是蓄热式热力焚化炉（Regenerative Thermal Oxidizer，RTO）。如图4-11所示。RTO主要包括蓄热室、氧化室、风机等；有机废气首先经过蓄热室预热，然后进入氧化室，升温到800℃左右，废气中的VOCs氧化分解成CO_2和H_2O。

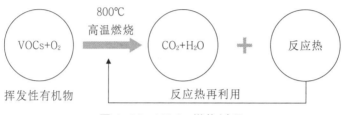

图4-11 VOCs燃烧过程

RTO设备技术在我国经过十几年的发展，已经从早期的"2室RTO"发展到第二代技术的"3室RTO"，近年国内RTO生产厂又成功实现了技术突破，发展出具有12个室、第三代技术的"旋转式RTO"。如图4-12、图4-13所示。如西安昱昌环境科技有限公司、中海油常州涂料化工研究院有限公司等研发的新技术旋转式RTO，其创新点主要在于对被污染的挥发性有机物进行旋转式分流导向，对废气不同处理阶段进行区间划分，此创新和传统RTO比较带来的有益效果是占地面积更小、运行更平稳、关键部件寿命更长且净化效率、综合热效率更高，制造成本更低。

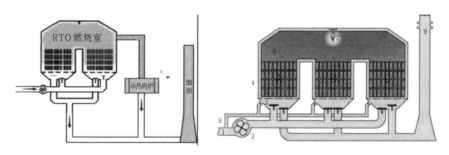

图4-12 左图第一代RTO；右图第二代RTO

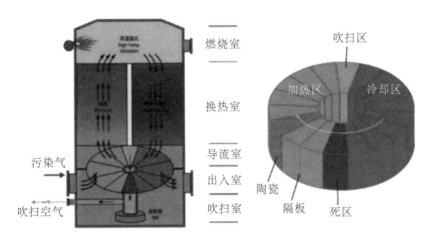

图 4-13　第三代 RTO

(二)新能源建设

我国地域广阔,太阳能和风能资源十分丰富且分布广泛,总量足以满足我国社会生产生活等需求。经过几十年的发展,目前太阳能光伏发电、风力发电技术已趋于成熟,成本快速下降。在可预见的将来,太阳能光伏发电和风力发电的技术和经济性都将达到与常规能源相当的水平,推动能源变革与转型。

1. 风力发电

我国打破国外垄断,实现了风电机组整机由 100kW 级向 MW 级的跨越式发展,已经成为世界风电设备制造大国;形成 3.6MW 以下装备设计制造技术体系,初步掌握了 5MW、6MW 整机集成技术;风电机组整机及零部件国产化率达到 85% 以上。我国突破了大规模风电发展并网接入的技术障碍,解决了大规模风电并网特性的仿真模拟难题,开发了具有完全自主知识产权的风电功率预测系统。基本解决了低/高电压穿越技术难题,建成全球首个 100MW 级国家风光储输示范工程和全球首个海岛风电多端柔性高压直流输电(VSC-HVDC)示范工程,实现了大规模风电高渗透率并网运行。

我国太阳能资源丰富,达到我国陆地表面的太阳辐射的功率约为$1.68×10^3$TW,水平面平均辐照度约为175W/m²,高于全球平均水平。2018年,我国陆地表面平均水平面总辐照量约为1486.5kW·h/m²,固定式光伏发电年最佳斜面总辐照量约为1726.9kW·h/m²。2018年,中国新增太阳能光伏装机容量为43GW;截至2018年年底,我国累计光伏装机量已超过170GW。即使在海外"双反"以及国内支持政策调整的不利情况下,2018年我国光伏制造业仍取得较大发展:多晶硅产量达到25万吨,同比增长3.3%;硅片产量达到109.2GW,同比增长19.1%;电池片产量达到87.2GW,同比增长21.1%;组件产量达到85.7GW,同比增长14.3%。2018年,我国光伏电池组件出口41GW,同比增长30%,光伏产品出口额达到161.1亿美元,为20多个国家实现光伏平价上网提供支撑,这为全球应对气候变化做出了重要贡献。

2. 太阳能发电

在太阳能光伏发电技术方面,我国已经形成了以硅材料、硅片、电池、组件为核心的晶体硅太阳能电池产业化技术体系,掌握了效率20%以上的背钝化电池、选择性发射极电池、全背结电池、金属穿孔卷绕(MWT)电池等高效晶体硅太阳能电池制备及工艺技术。批量化单晶硅电池效率超过22%,实验室最高效率达到24.1%。批量生产多晶硅电池效率18.5%,多晶硅电池实验室效率达到21.25%,创造了多晶硅太阳能电池效率的世界纪录。通过并购和国际合作使得我国硅基、CdTe、CIGS等薄膜电池的研究和技术水平快速提升。目前,我国逆变器等平衡部件技术水平与国际接轨,系统集成智能化技术仍有待提升。面向光伏发电规模化利用,我国光伏系统关键技术取得多项重大突破:掌握了100MW级并网光伏电站设计集成技术,掌握了MW级光伏与建筑结合系统设计集成技术,掌握了10—100MW级水/光/柴/储多能互补微电网设计集成技术并进行了示范。

根据国际上对风能资源技术开发量的评价指标,考虑了自然因素和政策因素的限制后,我国陆地 70m 高度层年平均风功率密度达到 300W/m² 以上的风能资源技术可开发量为 2.6TW。风力发电增长势头虽然不如光伏发电,但每年仍然保持着 10%—16% 的增长率。截至 2018 年年底,我国风力发电新增并网容量 21.14GW,累计并网 210GW。2018 年,风力发电上网发电量达到 35.7TW·h,占全部发电量的 5.2%;全年风力发电机组利用小时数 2103h,同比增加 153h。

3. 特高压输送

中国现有 500kV 输电网已无法满足大型煤电基地、大型水力发电基地、大型核电基地以及风能和太阳能光伏等集中式发电基地的大规模开发和远距离外送的要求。解决方案之一是在能源资源中心区建设电站,实施远距离输电,这也使得中国有可能成为全球最大的输电新技术市场。特高压输电线路送电的特征是送电电压最高、容量最大、距离最远、线损最低、性能最优、走廊利用率最高、技术最先进,提高了电网的安全性、可靠性、灵活性和经济性,具有明显的技术优势。特高压直流输电工程涉及的技术主要有:特高压换流技术、控制与保护、绝缘配合、特高压支流线路设计、特高压直流系统可靠性等技术。

2018 年年末,特高压输电运行线路年输送电量已经超过 4500 亿 kW·h,已建成特高压输电线路和正在建设的特高压输电线路约有 3.8 万 km,可以承载电力负荷约 1.5 亿 kW 以上;世界首个具备虚拟同步机功能的张北新能源电站已建成运行,世界上输电电压最高、距离最远、技术最先进的 ±1100kV 新疆准东—安徽皖南特高压直流输电工程已经开工建设,世界上首个特高压多端混合直流工程乌东德—广东、广西送出工程已开工建设。到 2020 年,在建工程全部建成后,特高压工程累计输送电量可以超过 5000 亿 kW·h,可以承载电力负荷 2 亿 kW 以上。如表 4-1 所示。①

表 4-1　中国建成及在建的特高压直流输电工程项目

工程名称	电压等级/kV	输电距离/km	直流输送容量/万kVA	投运时间	受端接入方式	送电类型
向家坝—上海	±800	1907	1280	2010	500kV 系统接入	水电(金沙江)
锦屏—苏南	±800	2059	1440	2012	500kV 系统接入	水电(雅砻江)
哈密南—郑州	±800	2192	1600	2014	500kV 系统接入	煤电+新能源
溪洛渡—浙西	±800	1653	1600	2014	500kV 系统接入	水电
宁东—浙江	±800	1720	1600	2016	500kV 系统接入	煤电
酒泉—湖南	±800	2383	1600	2017	500kV 系统接入	煤电+新能源
晋北—江苏	±800	1119	1600	2017	500kV 系统接入	煤电
锡盟—泰州	±800	1620	2000	2017	受端换流站分层接入 500/1000kV 交流电网	煤电+新能源
上海庙—山东	±800	1238	2000	2017	受端换流站分层接入 500/1000kV 交流电网	煤电+新能源
昌吉—古泉	±1000	3324	2400	2018	受端换流站分层接入 500/1000kV 交流电网	煤电+新能源
扎鲁特—青州	±800	1234	2000	2017	受端换流站分层接入 500/1000kV 交流电网	煤电+新能源
云光直流	±800	1373	1000	2010	500kV 系统接入	水电
糯扎渡直流	±800	1413	1000	2014	500kV 系统接入	水电

① 数据来源：根据网络公开资料整理。

（三）智慧环保

智慧环保技术系统是借助物联网技术,把感应器和装备嵌入各种环境监控对象(物体)中,通过超级计算机和云计算将环保领域物联网整合起来,可以实现人类社会与环境业务系统的整合,以更加精细和动态的方式实现环境管理和决策的智慧系统。智慧环保是一套完整而全面的环境治理理念和操作体系,其解决方案包括诸多不同的功能模块。智慧环保基本上包括分布式环境传感器系统、监控预警平台与环境举报系统、环境控制与处置中心、在线事务办理平台等模块。通过对众多文献资料的研究可以归纳出智慧环保物联网的大致架构,包含感知层、传输层、智慧层和服务层。如图4-14所示。

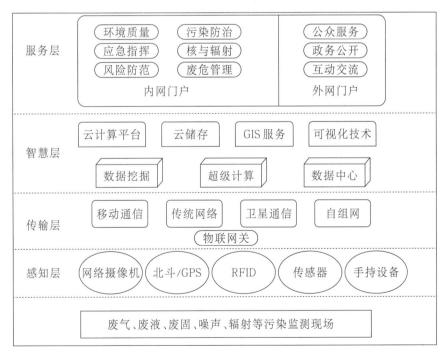

图4-14 智慧环保物联网应用体系架构

1. 感知层

分布式环境传感器系统是智慧环保的眼睛、鼻子、耳朵和神经末梢。通过在城市中广泛分布的各类环境数据监测传感器,该系统可以利用网络和通信线路将声音、图像和各类专业环境监测数据实时上传到环境监测部门的服务器之中,为后续的环境预警、监管和处置提供第一手资料。与传统人工环境监测相比,分布式环境传感器系统的地域分布范围可以更加广泛,监测类别更加多样,其监控能力不受时间和地域的限制,能够做到实时反馈、全面反馈和精准反馈。目前传感器应用以在线监测分析仪器为核心,由微处理器、各种采样仪器、预处理单元、传感器、分析仪器、通信模块、摄像机、其他控制仪器等组成。

感知层集成了多种功能的传感器设备、定位设备以及音视频采集设备等,实现对环境状况、污染源、生态、辐射等多种环境因素更透彻的感知。感知层针对的环保对象主要有:大气污染感知(感知因子包括 VOCs、TSP、PM10、PM2.5、SO_2、NO_2、O_3 等)、水污染感知、噪声污染感知、土壤污染感知。感知层常见的环保监测设备类型有大气污染监测设备(包括 PM2.5 监测设备、PM10 监测设备、扬尘监测设备等)、污水监测设备、噪声监测设备、土壤监测设备等。感知层常用的传感器器件通常包括温度传感器、湿度传感器、风力传感器、GPS 定位传感器、风向及风速传感器等。感知层通过使用智慧环保边缘智能网关与现场监测的环保设备、传感器件、监控摄像设备等构成监测系统,获取各类环保监测数据、设备状态数据、现场图像、报警事件等信息,为服务层提供基础数据,实现对环境的一体化感知。

2. 传输层

传输层用来实现各类环保数据以及污染现场状况数据的传输功能,通过多种网络方式实现互联,并根据环保领域监测数据的多样性,构建传感器网与移动通信网、互联网相融合的异构网络,能更好地实现将感知层获取的各类数据有效传输到管理层。常见的窄带物联网有 NB-IoT 网络、LoRa 网络、基于 LTE 优化的 eMTC 网络等。针对大数据、高实时性传输业务需求,可以使用 3G、4G LTE 网络、专用以太网、Wi-Fi 等带宽大的传输网络。针对一些近距离传输数据业务需求,可以使用 ZigBee、BLE、Z-Wave 等组建无线传输网络。

3. 智慧层

智慧层主要实现对感知层监测系统中多种环保感知设备进行智能化管理,对各类监测数据进行持久化存储与可视化展示,同时为服务层提供全面的数据支撑。智慧环保边缘智能网关支持快速对接多个 IoT 设备管理平台,包括当前大型信息科技企业所构建的 IoT 设备管理平台——华为的 Ocean Connect IoT 生态平台,亚马逊的 AWS IoT 管理平台等;三大网络服务运营商所构建的 IoT 管理平台——中国移动物联网 IoT 平台 One NET,中国联通物联网管理平台,中国电信的 IoT 加速平台,以及针对环保领域、环保管理部门所构建的环保 IoT 设备管理平台。IoT 设备管理平台通过使用智慧环保边缘智能网关来实现对监测现场多种设备的快速接入、数据获取、远程配置等功能,同时提供开放数据接口供服务层调用。

4. 服务层

服务层是利用环保大数据管理云平台、智能分析云平台、应用云平台等技术实现对环保数据全面精确的分析与实时检测,对各类污染源实现预警预报与追踪溯源,为环保部门以及环保各个行业提供精细化服务和科学决策依据。服务层对外提供的服务涵盖监测中心、监控执法中心、办公中心、应急指挥中心、数据共享中心、教育展示中心等多行业、多部门。服务层通过使用智慧环保边缘智能网关提供的有效环保数据,在对外提供服务时,针对环保监测中比较严重的污染信息,能做到及时反馈应用平台,为污染的追踪溯源提供有效依据。

(四)节能技术

1. 智能楼宇

如图4-15所示,基于边缘计算平台的智能楼宇,充分利用先进的传感技术、网络技术、计算技术、控制技术、智能技术及安全技术,实现对楼宇传感设备的数据采集、监控与分析,实现状态感知、故障告警和可预测性维护。通过多系统协同,实现对楼宇的自动控制和可视化运营,创造出一种智能、绿色、高效的办公与生活环境。因为使用智能网关来支持丰富的接口和功能特性,简化连接,所以实现了楼宇多样化接入场景的需求。实现互联互通之后,能源互联网使能源消耗、碳排放指标和生活需求都能够被打通变成数据,通过收集、整

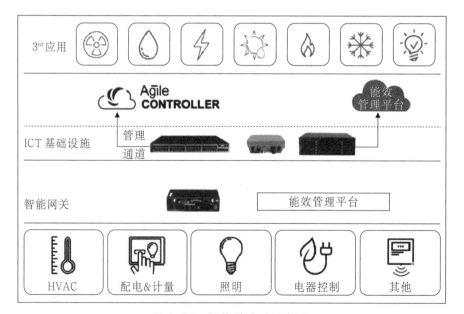

图4-15 智能楼宇应用架构

理、挖掘这些运行数据,结合云计算、云存储等新技术,应用大数据分析,根据不同能源用途和用能区域进行分时段计量和分项计量,分别计算电、水、油、气等能源的使用,并且对能耗进行预测,能了解不同的能源使用情况和用户对能源的需求,及时对能源进行有效分配,也可以找出同类型建筑的能源消耗,实现对能源的高效管理。这对于设立各种类型的建筑节能标准具有指导意义,通过物联网技术,可以有效地提高建筑的智能化和节能效果。

2. 智慧水务

华为智慧水务解决方案包含感知终端、融合网络、数字平台、智慧应用、综合决策指挥中心等内容,并以数字平台为核心,集成云计算、大数据、人工智能等ICT技术新能力。通过支持"数字信息全面获取、水务要素全面集成、管理行为全面智能",形成"源、供、排、污、灾"全过程监管新模式,充分利用数字平台能力,构建丰富的智慧应用,实现水务"可视、可知、可控、可预测",推动水务业务管理实现监管更高效、管理更精准、调度运行更科学、应急处置更快捷、便民服务更友好。如图4-16所示。

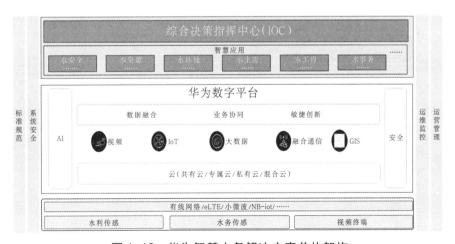

图4-16　华为智慧水务解决方案总体架构

3. 智慧交通

智慧交通是使用各种无线互联设备将交通车辆连接起来进行信息的共享,使用无线传感器对各道路交通进行监控,并利用物联网技术将各种与道路交通有关的信息进行整合、分析、处理,基于云计算、大数据、无线网络以及人工智能设备实现用户、车辆、道路、环境的融合。建设智慧交通的目的是更好地服务民众,为社会的高质量发展提供助力,因此,智慧交通建设应以人为本,建立人性化、智能化、立体化的交通体系。

(五)节能减排

为了顺应全球能源变革的发展趋势和我国产业绿色转型的发展要求,新能源汽车是我国"十三五"国家战略性产业发展规划中七大战略性新兴产业之一,有相关政策方面的支持。近年来,新能源汽车在国内迅猛发展。我国新能源汽车产销量引领全球,续驶里程、能耗等关键指标逐年提升,产品种类和细分领域逐渐多样化,充电基础设施配套逐步完善。同时,新能源汽车仍面临发展压力,需要相关政策的引导和扶持。近年来,新能源汽车技术方面有较大突破。

1. 乘用车方面

2019 年,国产 BEV 车型平均续驶里程增长至 350km 以上,平均综合工况电能消耗量降至 13.28kW·h/100km,相比 2016 年降低 16%;PHEV 车型的平均条件 B 试验燃料消耗量(50—80km 车型)降至 5.16L/100km,相比 2016 年降低 25%。近年国产纯电动乘用车系统能量呈上升趋势发展,2019 年平均达到 148Wh/kg。如表 4−2、图 4−17 所示。[1]

---

[1] 数据来源:中国汽车技术研究中心数据资源中心。

表 4-2　2019年较2016年国产新能源乘用车关键技术指标变化

技术指标		2016 年	2019 年
BEV	续驶里程（km）	205	373
	综合工况电能消耗量（kW·h/100km）	15.73	13.28
PHEV	条件B试验燃料消耗量（L/100km）	6.84	5.16
	条件A试验电能消耗量（kW·h/100km）	16.91	19.20

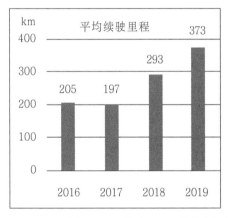

图 4-17　国产BEV平均续驶里程、系统能量密度变化趋势

2. 商用车方面

2019 年，纯电动客车续驶里程呈现总体增长趋势，如图 4-18 所示。①12m 以上纯电动客车纯电续驶里程增长幅度最大，增加了141km，较上年度增幅达到66%。单位载质量能量消耗量（Ekg）是评价车辆运载单位质量的人或物行驶单位里程能量消耗的指标。

---

① 数据来源：中国汽车技术研究中心数据资源中心。

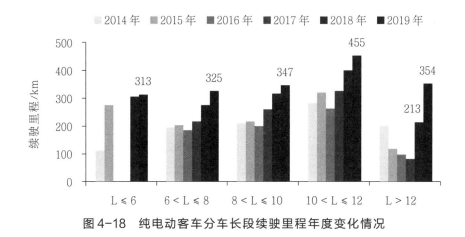

图 4-18　纯电动客车分车长段续驶里程年度变化情况

2019 年发布的 12 批次新能源汽车推荐车型目录中纯电动客车的 Ekg 的变化如图 4-18 所示，纯电动客车的 Ekg 指标呈下降趋势，0.1≤Ekg < 0.15 的车型从第 1 批次的占比 46% 上升到第 12 批次的 68%。

纯电动客车的电池能量密度提升幅度明显，如图 4-20 所示[①]。第一批纯电动客车中能量密度高于 150Wh/kg 的车型占比 9%，到第 12 批次中高于 150Wh/kg 的车型占比提高到 38%。

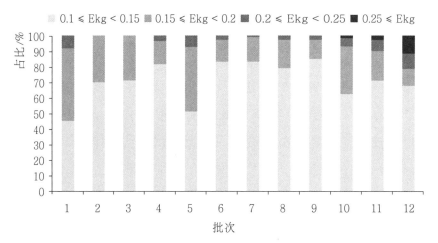

图 4-18　纯电动客车分车长段续驶里程年度变化情况

① 来源：图 4-19、图 4-20 数据来自中国汽车技术研究中心数据资源中心。

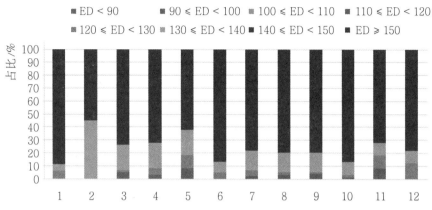

图 4-20　2019 年度 1—12 批次纯电动客车电池能量密度变化情况

3. 运输类专用车方面

如图 4-21 所示可看出,专用车的 Ekg 有提升的趋势,第 1 批次中约 42% 的车型 Ekg < 0.25,到第 12 批次该比例提高到 45%。自从第 5 批开始不符合补贴要求的车辆也可以进入推荐目录,Ekg 较高的车型占比会有所升高。[①]

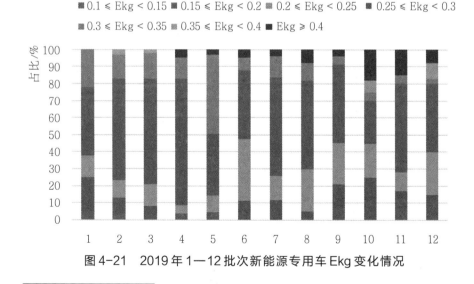

图 4-21　2019 年 1—12 批次新能源专用车 Ekg 变化情况

---

① 数据来源:中国汽车技术研究中心数据资源中心。

4. 新能源汽车基础设施配套方面

我国公共充电桩保有量居全球第一。截至2019年年底，全国累计建设122万台充电桩，其中公共类充电桩51.6万台，包括交流充电桩30.1万台、直流充电桩21.5万台、交直流一体充电桩488台。如图4-22所示。

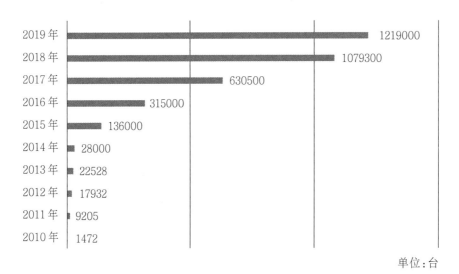

2019年　1219000
2018年　1079300
2017年　630500
2016年　315000
2015年　136000
2014年　28000
2013年　22528
2012年　17932
2011年　9205
2010年　1472

单位：台

图4-22　全国充电桩保有量

(六)环境监测

1. 大气环境遥感实时监测平台

如图4-23所示，中科星图结合遥感监测技术基于GEOVIS数字地球平台推出了智慧环保大气环境遥感实时监测分析服务平台，可对空气污染物实时动态监测，对污染点进行实时预警，可为城市大气环境治理提供科学、客观、合理的监测。智慧环保大气环境遥感实时监测分析服务平台利用多源卫星遥感数据、地面观测数据、大气模式数据、基础地理信息数据进行大气环境产品统计分析、大气环境产品监测及可视化显示，提供空气污染精细化监管服务，并能够提供标准接口与 GIS 基础平台及移动 App 平台进行对接,便于用户进行实时查看和管理。智慧环保大气环境遥感实时监测分析服务平台基于卫星遥感资料,通过算法库反演算法进行建模分析,生成实时遥感监测产品并及时推送给用户。具有气溶胶光学厚度监测、PM2.5 监测和 PM10 监测、SO_2 监测、NO_2 监测、O_3 监测、火情监测等功能。

图 4-23　智慧环保卫星遥感监测系统平台

2. 发光细菌监测技术

现阶段,发光细菌监测技术主要借助的是生物界细胞的发光特征以及污染物遗传毒性特征作为监测的主要指标,并充分利用先进水质毒性测定仪对被监测水域的水质进行监测。利用此种技术监测结果获得速度较快,3 小时左右便可获得准确结果。在科学技术的推动下,将发光细菌监测技术与荧光等分度法进行有效结合,能够有效推动水环境监测工作的开展与进步。

3. 生物行为反应监测法

生物行为反应监测法在水环境监测工作的实施过程中能够对被监测水域中的微生物自我保护行为进行细致的观察与分析,并从微生物的行为中判定被监测水域的污染程度。随着时代的发展,相关领域内的专家和学者越来越重视和推崇生物行为反应监测法的应用。

4. 微生物监测技术

微生物监测技术在水质环境监测工作中具有较好的应用效果,在监测工作的开展过程中,工作人员将微生物群放置于需要监测的水质环境当中,如此一来,微生物群便能够对水质环境进行监测,并成为水环境污染的主要指示标识。工作人员通过对水质环境中微生物群数量以及发展变化情况进行有效的监测可以清晰得知被监测水质的污染程度,此种监测技术在实施时主要应用的微生物群包括真菌、细菌以及小型水藻等。在实施的过程中,将聚氨酯塑料作为基质并对被监测水域中的微生物进行采集,按照相应的规则和标准对其进行有效的计算,并按照我国颁布的微生物监测标准进行对比,最后对被监测水域的污染情况进行判断。

四、绿色环保技术发展趋势

(一)绿色产业发展经验及趋势

对比国外,欧、美、日等工业化先行国家及地区在环境治理过程中,绿色产业逐步发展壮大,经历了从被动应对向主动布局的转变,由治标为主到治本为主的转变,由抓末端治理到抓全过程治理的转变,由单纯污染治理到产业和能源结构调整的转变。总结国外绿色产业发展经验及趋势,对探索我国绿色发展路径,提升环保产业国际竞争力具有重要意义。

1. 严格的法规制度体系创造活跃的市场需求

通过法律法规的落实,有严谨的体系保障,法律标准详细,可操作性强,执法严格,处罚严厉,推动政府和企业加大环境治理投入力度。

2. 政府引导与市场机制有机结合形成良好发展环境

在政策激励方面,各国政府利用财税、补贴、价格和绿色金融等各种政策手段,引导企业加大对绿色技术和装备的投入,倾斜性地支持绿色产业的发展。

3. 科技创新是推动绿色产业发展的关键支撑

以新兴技术交叉融合激发环保技术创新,开拓新的市场空间,带动绿色产业的发展,如无人机平台技术、环境传感器技术、环境遥感技术的开发应用,以"智能电网、特高压、清洁能源"为特征的全球能源互联网的发展,推动全球清洁能源大规模开发和能源革命。

4. 综合性生产服务逐步成为绿色产业的主流发展业态

国际绿色产业经过长期发展,已形成源头预防、区域整体协同治理、过程综合管控相结合的污染治理思路。相应地,环保服务企业由单一服务商逐渐向综合服务型企业转变,综合服务型企业大量涌现,业务范围由设备供应、工程改造拓展到为用户提供诊断、设计、融资、建设、运营等"一站式"全方位服务。

5. 广泛的社会参与成为绿色产业发展的重要催化剂

公众绿色意识的觉醒和权利意识的诉求,促使各国政府加强了环境信息的公开,同时社会舆论监督对环境污染事件和企业行为形成了强约束,倒逼产业向绿色转型升级。绿色消费理念和习惯深入人心,对绿色产业的发展形成正反馈。

(二)污染治理行业发展趋势

1. 固废行业发展趋势

我国固体废物处理利用行业整体发展迅速。随着《固体废物污染环境防治法》《国家危险废物名录》等法律政策文件的修订,"无废城市"试点建设、"垃圾分类"、"清废行动2019"等工作的开展,我国固体废物处理处置技术、资源化利用水平有所提高,危险废物非法转移倾倒事件有所减少,生活垃圾分类管理工作显著进步。固废行业发展趋势主要体现在以下几个方面。

继续推进"无废城市"建设工作。"无废城市"建设要通过制度创新,提升固体废物处理利用行业集中度,形成有利于骨干企业发展的政策和技术支持机制;提高企业处理处置与利用能力及污染防治水平,培育一批骨干企业。

基本建成生活垃圾分类处理系统。继续推进城乡生活垃圾分类,加快垃圾分类设施建设,形成与生活垃圾分类相适应的收运处理系统。

加强固体废物处置能力建设和技术创新。加大固体废物治理投资与研发投入,引进先进设备和技术,提升固体废物资源化利用装备技术水平,提高综合利用率。加强国家之间、校地之间、校企之间的技术转移及成果转化,促进固体废物处理利用行业发展。

大力推动固体废物处理利用的标准体系建设。根据行业需求和我国标准体系的特点,科学合理地界定国家标准、行业标准、地方标准、团体标准和企业标准的定位,以满足固体废物处理利用行业健康发展的需要。

2. 废水行业发展趋势

2020 年是污染防治攻坚战的收官之年,水污染治理行业为生态文明和打好污染防治攻坚战提供了可靠的技术、装备、工程和服务保障。同时,科学治污、精准治污、长效保障的新格局正在逐渐形成,水污染治理市场会进一步发展。几个重点领域的技术发展趋势如下。

在常规污染物的控制方面:围绕集中式生活污水处理,各类污水处理专用机械、市政管网、污泥处理处置等设备,以及膜组件、药剂等环保产品仍将有极大的市场需求。

在高难有机污染及特征污染物控制方面：围绕典型行业废水治理，将促进细分领域工业废水处理的核心设备、高端材料及药剂的生产制造。

在流域、区域性污染问题控制方面：水环境综合治理体系将进一步完善，特别是在水环境质量监测和监管方面，5G、AI（人工智能）、物联网、云计算、大数据、区块链等新技术将促进水环境监测仪器设备、集群监控预警维护系统及管理平台向着"信息化""智慧化"的方向发展。

在伴生污染问题方面：在污水治理过程中，污泥、蒸发后的废盐以及废水催化剂的资源利用与处置将有可观的市场需求。

3. 废气行业发展趋势

《大气十条》实施以来，我国VOCs治理市场开始启动，但由于涉及VOCs污染控制的相关政策、法规和管理制度体系不健全，前期大部分涉VOCs污染企业尚在观望中，整体推进速度较慢。VOCs的治理市场特点及动态主要体现在以下几个方面。

（1）源头减排工作开始全面推进

在很多行业首先是提高清洁生产水平，从源头上实现VOCs的减排。涉及对企业的提质改造，包括生产工艺、生产设备和原材料的变更与改进。如汽车和家具生产行业喷涂生产线的改造，更换为水性涂料和低VOCs含量的涂料；包装印刷行业复合与印刷生产工艺改进，更换为水性油墨和水性胶黏剂等。从短期来看，生产工艺、生产设备改进投入大；但从长期来看，可以促进产业升级，提高企业的核心竞争力。

（2）末端治理市场开始爆发

治理任务繁重，之前应付式的末端治理设施难以实现稳定的达标排放，通过督查开始进行提标改造。由此催生了大量的工程公司介入

VOCs治理行业,具有成熟技术的工程公司近年来得到了快速发展。

（3）VOCs检/监测市场快速发展

VOCs的种类多（最常见的有200多种），涉及的行业和企业数量多，排放条件复杂，监管非常困难，检/监测已经成为目前制约VOCs治理的一个关键问题，VOCs检/监测市场需求巨大。

（4）VOCs治理第三方服务市场得到发展

由于我国VOCs治理工作起步较晚，相对于废水治理较成熟的第三方运营服务，VOCs治理第三方服务市场目前尚在培育过程中。目前的国家政策也提倡由第三方运营服务，由第三方负责运营可以更好地保障运行效果，第三方运营服务将会成为今后VOCs治理的一个发展趋势。

4. 土壤修复行业发展趋势

随着《土壤污染防治法》的实施，2019年新出台了一系列法规政策，土壤修复行业管理及技术支撑体系不断完善，为贯彻落实《土壤污染防治法》和《土壤污染防治行动计划》，加强建设用地和农用地的环境保护监督管理，规范土壤污染状况调查、土壤污染风险评估、风险管控和修复治理等相关工作起到了重要作用。

（1）政策方面

《土壤污染防治法》实施以来，净土保卫战得到扎实推进，取得了积极成效，但有色金属矿区周边耕地的土壤重金属污染问题依然突出，污染地块再开发利用环境风险依然存在，土壤污染防治任务仍然艰巨。2020年，预计国家将持续推进《土壤污染防治法》的贯彻实施，完善配套的法规标准体系，有效落实法律规定，加强监管工作。

（2）市场方面

2019年，中央修复财政资金同比增长42.9%，金额达到50亿元，有力支持了土壤污染状况详查、土壤污染源头防控、土壤污染风险管控和修复、土壤污染综合防治先行区建设、土壤污染治理与修复技术应用试点、土壤环境监管能力提升等工作。随着各地土壤详查的完成,工作重点将转入治理,修复项目有望加速释放。短期来看,江苏、山东、河北等地开展的化工园区整治将促进相关修复领域市场快速发展。

(三)新能源产业发展趋势

1. 新能源政策的不断推出支撑新能源产业

2006年开始,新能源相关政策逐渐增多。2015年发布的《新能源产业振兴和发展规划》指出了新能源产业发展的战略规划,以及对传统能源的变革。国家财政部和工信部也相继出台了关于新能源产业发展的政策,为新能源产业的发展创造了良好的外部环境。从政策出台的领域来看,政策重点关注风电和光伏,生物质、海洋能等发电形式很少,原因是风电和光伏发电的开发成本相对较低、技术相对成熟、应用范围相对较广。

2. 分布式能源发电技术发展迅速

中国新能源丰富的地区大多在中国的西部。西部是中国的贫困地区,经济发展水平相对较低,距离常规电网较远,如果延伸电网来解决西部地区用电的问题,需要投入很大的财力。因此,发展分布式能源能够有效解决西部偏远地区居民用电难的问题,而且小型风电体型小、便于安装、使用灵活方便。虽然小型风电在稳定性上存在一些问题,但对常规能源起到了很重要的补充作用。

3. 新能源产业在电力结构中比例逐步提升

中国经济在快速增长的同时带来了严重的环境污染和生态破坏,在节能减排和供电不足的双重压力下,亟须发展新能源。节能减排使得火力发电投资不断减少,新能源的投资逐步增加,新能源使用使得电源类型朝着清洁方向发展。随着经济的发展，传统的电力企业已经不能满足日益增长的电力需求，供给不足，导致消费系数下降，这对新能源产业的发展造成一定的影响。在节能减排的压力下，新能源在电力发展结构中的比例逐步上升。新能源发电一方面能补充以火电为主的电源结构，改善电力供应，优化电源结构，缓解局部地区电力紧张的现状。另一方面，面对资源枯竭的现实，新能源对化石能源的替代作用将更加明显。在大力提倡低碳经济的形势下，新能源发电对降低环境污染起着重要的作用。

4. 新能源产业国际合作态势明显

目前，中国新能源企业"走出去"的时机已经成熟，"一带一路"倡议的提出，标志着全方位对外开放。积极推动丝绸之路和海上丝绸之路上各国之间的合作，拉近彼此之间的经济关系。"一带一路"是中国参与国际能源合作的绝佳机会。在"一带一路"上多为发展中国家，大多数国家对电力的需求较大，但都缺乏电力。与这些国家相比，中国企业在电力装备和技术等方面都具备较高的水平，一方面电力企业"走出去"不仅可以帮助这些国家发展电力，弥补供给的不足，而且会带动中国电力装备制造业的发展。另一方面，中国电力行业存在生产过剩的现象，然而在东南亚和西亚的一些国家存在缺电的情况，中国电力企业"走出去"可以消耗国内生产过剩的电力，恰逢其时。

（四）智慧环保产业发展趋势

1. 环境监测行业将会迎来巨大的发展机遇

2015年国务院发布的《生态环境监测网络建设方案》提出到2020年全国生态环境监测网络基本实现环境质量、重点污染源、生态状况监测全覆盖。"十二五"期间及"十三五"初期，虽然各项政策推动监测行业快速发展,但在整个环保行业中,监测行业的市场体量依旧比较小。2011—2016年,环境监测行业销售额从108亿元上升到271亿元,增长了1.5倍,但是监测行业的整体规模只相当于水务处理的8%,固废处理的15%。而且,由于环境监测的基础性,未来对水、气、土壤领域监测市场的持续需求,也为环境监测行业的发展提供了巨大的市场空间。

2. 智慧环保第三方运维服务是未来需求重点

随着智慧环保在全国的全面铺开,而各级环保部门的人员编制数量有限,在此背景下,构建第三方服务体系将是保障智慧环保建设和应用持续健康运行的必然趋势。第三方服务体系和机构包括研究机构、咨询机构、监测部门、评测部门、标准研究组织等,为总体规划与技术路径选择提供专业支持,为监测采集设备的准确性、稳定性等提供标准与判断,为环保物联网的仪器运维、监控中心运维、贯穿于环保领域中央、省、市三级应用的软件运维及可持续性建设与应用提供支撑。

3. 环境监测市场和第三方综合服务市场是未来最具投资前景的领域

"十三五"规划明确提出要发展绿色环保产业,大力推进生态文明建设,环保产业的创新升级发展刻不容缓。智慧环保则是"十三五"规划下最确定、范围和资金容纳程度最大的主题。目前智慧环保产业已具有较好的政策环境,技术基础也已成熟,智慧环保产业的发展进入了高速发展期,各类相关企业纷纷搭载智慧环保的便车寻求商机。

(五)节能技术发展趋势

1. 技术发展系统化

在"十一五"和"十二五"期间,针对重点用能设备能效提升,国家开展了节能产品惠民工程,鼓励能效水平高的设备的使用。可以说,单个技术和单个设备的节能空间在收窄,更加注重区域、城镇、园区、用能单位等系统用能和节能,更加重视系统性节能技术解决方案。

2. 技术发展智能化

随着物联网、大数据、云平台发展,节能技术也向着控制自动化、智能化等方向发展。针对年耗能 10000 吨标准煤以上的重点用能单位,国家推动能耗在线监测系统的建设,这为能源的智能化和智慧化发展提供了广阔的前景。

3. 技术发展一体化

随着节能工作的不断深入和推进,节能技术的应用也不断深入,同时与超低排放、环保、循环经济、气候变化等工作不断融合。节能技术不仅要实现节能的目的,还要与政策要求相结合,更加注重技术协同、技术集成,实现系统成本降低、资源综合利用的目标。

4. 技术发展精细化

节能技术的发展正从粗放型向精细化转变。新技术造就的精细化管理手段对过去粗放型的管理流程加以精确控制,可以杜绝很多人治下的管理漏洞。节能目标分解细化和落实的过程,可以把企业节能有效贯彻到每个生产环节并发挥作用,同时也是提升企业整体执行能力的一个重要途径和手段,这是目前节能技术发展的一个重要特点和方向。

(六)环境监测技术发展趋势

1. 监测项目

近年来,很多研究结果表明,我国某些地区的有毒有害物质(如挥发性和半挥发性有机污染物、烯烃类、醛酮类、臭氧等)的污染非常严重,已成为这些区域的主要环境问题。为此,有毒有害污染物的监测工作已成为我国环境监测工作面临的重大挑战之一,适时、全面、系统、科学地开展对有毒有害污染物的监测研究刻不容缓,加大对有毒有害污染物的监测与排查力度,对于确保环境指标良好、预防环境污染和提升环境总体质量具有积极而重要的现实意义。

2. 监测介质

从目前环境调查的普遍性而言,对水、大气介质中污染物的监测研究开展得较多,而对生物体、土壤和沉积物中污染物的监测研究较少。基于多种有毒有害污染物(如多环芳烃类、酞酸酯类、多氯联苯类、重金属等)在环境介质中能积累、迁移和转化的事实,不能仅局限在只对水质和大气加以监测和保护,还要充分考虑土壤、沉积物、生物等介质的综合作用,这样才能更好地帮助人类了解某些疾病与受污染的各种环境介质的相关性,并为最终保护人类健康提供科学可靠的依据。所以,开展对整个体系的水、气、生物体、土壤和沉积物中有毒有害污染物的全面监测,必然会成为今后环境监测技术的发展趋势。

3. 监测技术、设备

各种先进的、更为人性化的监测技术和方法已被研发出来,并广泛应用于环境监测领域,如:红外线遥感、全球卫星定位、地理信息技术等采样辅助手段;超声波提取、微波、衍生化、旋转蒸发、超临界萃取、固相萃取、快速溶剂萃取、吹扫捕集、顶空、热解析等高科技样品前处理技术;气相色谱、液相色谱、荧光光谱仪、原子吸收、原子发射、等离子发射光谱等大型高精密分析仪器。此外,为了提高分析的灵敏度和准确度,各种大型精密仪器的联用技术已经成为研究的重点,如气相色谱–质谱联用、液相色谱–质谱联用、等离子发射光谱–质谱联用等技术。监测技术和方法的持续优化,监测设备功能的不断完善和改进,始终都是环境监测技术积极努力的方向。

4. 构建完善、安全、稳定的环境监测网络

完善的环境监测网络应包括环境各要素的监测业务网络、监测管理网络、监测信息网络。环境监测工作遍布全国，按照传统的传输报告模式来完成监测任务，并不能达到快速、有效的目的。通过构建完善的环境监测网络，可以直接上传到相关地方的监测网络中，以共享原则来发布，直接得到国家监测中心的指挥，这样就可以让监测工作得到更好更高效的管理。

参考文献

[1]辛升.节能技术推广政策情况及技术发展特点和趋势[J].中国石油和化工经济分析,2019(9):34-36.

[2]王宇.国外环保产业的发展[J].节能与环保,2001(3):43-46.

[3]赵红.环境规制对产业技术创新的影响——基于中国面板数据的实证分析[J].产业经济研究,2008(3):35-40.

[4]朱蓓丽,程秀莲,黄修长.环境工程概论[M].北京:科学出版社,2016.

[5]杨志峰,刘静玲.环境科学概论[M].北京:高等教育出版社,2004.

[6]方刚剑.太阳能光伏发电技术及其应用探讨[J].智能城市,2019,5(11):81-82.

[7]柴向春,奎明玮.基于风力发电技术发展现状以及行业发展分析[J].中国新通信,2018,20(21):227.

[8]邵志刚,衣宝廉.氢能与燃料电池发展现状及展望[J].中国科学院院刊,2019,34(4):469-477.

[9]张伟,向洪坤.燃料电池汽车基本技术及发展综述[J].智慧电力,2020,48(4):36-41+96.

[10]朱玉青.化工企业废气监测新技术[J].广州化工,2019(1):40.

[11]杨斌,蔡建华,戚韩英.生物技术在有机废气处理中的应用[J].环境与发展,2019(3):33.

[12]郭阳,王伟,李明刚.VOCs治理新技术——旋转式RTO[J].涂料

技术与文摘,2019,40(7):40-45.

[13]李茜,王昊,葛鹏.中国新能源汽车发展历程回顾及未来展望[J].汽车实用技术,2020(9):285-288.

[14]步金莲,唐广谦,陈晓辉,等.垃圾自动分类机产业链价值增值策略研究[J].商业经济,2019(5):44-45,131.

[15]左明,华玉艳.生活垃圾分类投放智能化研究[J].数码设计,2017,6(4):184-187.

[16]林文锋.我国固废资源化的技术及创新发展[J].中国资源综合利用,2019,37(8):78-80.

[17]席北斗,刘东明,李鸣晓,等.我国固废资源化的技术及创新发展[J].环境保护,2017,45(20):16-19.

[18]李光明.水环境监测信息化新技术的应用分析[J].环境与发展,2020,32(4):132-133.

[19]李晓军,马扬.纳米材料与技术在水处理应用中的新进展[J].化工设计通讯,2016,42(5):73-74,82.

[20]周博雅,徐若然,徐晓林,等.智慧环保在城市环境治理中的应用研究[J].电子政务,2018(2):82-88.

[21]张晓波.面向智慧环保的物联网边缘计算技术的研究与设计[D].北京:北京工业大学,2019.

[22]华为数字中国.引领转型的华为智慧水务解决方案[J].中国水利,2020(4):101-103.

[23]周小敏.智慧交通发展的现状分析与建议[J].电子世界,2020(2):96-97.

[24]葛锡志.智慧环保大气环境遥感实时监测分析服务平台助力大气污染精准监测[J].卫星应用,2020(2):32-35.

[25]谢永涛,李希哲,傅康,等.±800kV 特高压直流输电工程技术

[J].西北水电,2019(2):70-74.

[26]李耀华,孔力.发展太阳能和风能发电技术 加速推进我国能源转型[J].中国科学院院刊,2019,34(4):426-433.

[27]李金惠,刘丽丽,许晓芳.2019年固体废物处理利用行业发展评述及展望[J].中国环保产业,2020(3):15-18.

[28]许丹宇,胡华清,段晓雨.2019年水污染治理行业发展评述及展望[J].中国环保产业,2020(1):14-16.

[29]栾志强,王喜芹,郝郑平,等.有机废气治理行业2017年发展综述[J].中国环保产业,2018(6):13-24.

[30]刘阳生,李书鹏,邢轶兰,等.2019年土壤修复行业发展评述及展望[J].中国环保产业,2020(3):26-30.

[31]温宗国.专家观点:"十四五"环保技术与产业发展趋势[J].中国环保产业,2019(12):8-10.

[32]孙晓,李妍.新能源并网及储能技术研究综述[J].通信电源技术,2020,37(2):12-14.

[33]盛同平.建筑电气节能设计及绿色建筑电气技术探究[J].建材与装饰,2019(3):90-91.

[34]杜坤杰.从技术视角分析上海储能技术和产业的发展[J].上海节能,2020(1):7-11.

[35]金国强,陈征洪.我国智能电网发展现状与趋势[J].质量与认证,2019(9):54-56.

[36]彭影.中国新能源产业发展趋势研究[D].长春:吉林大学,2016.

[37]李丹,代沁芸.我国环境监测技术的应用现状及发展趋势[J].中国环保产业,2019(2):64-66.

[38]胥彦玲,李纯,闫润生.中国智慧环保产业发展趋势及建议[J].技术经济与管理研究,2018(7):119-123.

第五章

绿色环保产业发展的规律、经验及我国现状

一、绿色环保产业及其发展规律

(一)绿色环保产业的含义

在对绿色环保产业下定义之前,有必要先了解"绿色"及"绿色环保"这两个概念。

古往今来,人们为绿色赋予了非常丰富的象征意义。与环境保护科学相关联的绿色主要指无污染、无公害、纯天然。更进一步,人们将绿色嫁接到多种事物上,延伸出了一系列绿色修饰的名词,如绿色革命、绿色计划、绿色投资、绿色技术、绿色产业、绿色贸易、绿色家居、绿色消费、绿色文化、绿色标志等,这些概念都用了绿色蕴含的"对环境无污无害、环境保护、循环、可持续、简朴简约而简单、与环境和谐共生"等含义。

当前,人们常常将绿色与环保联系在一起,用绿色环保来形容物品、行动、产业、技术等。此时的绿色环保与上述用绿色来修饰革命、计划等名词相类似,同样包括了对环境无污无害、环境保护、循环、可持续、简朴、简约、与环境和谐共生等含义。

在上述概念的基础上,国际绿色产业联合会对绿色环保产业下了如下定义：积极采用清洁生产技术，采用低害或无害的新工艺、新技术，大力降低能源消耗及原材料使用，实现少投入、高产出、低污染，尽可能把对环境污染物的排放消除在生产过程之中的产业。国务院环境保护委员会对绿色环保产业明确说明：绿色环保产业是指在国民经济结构中以改善生态环境、防治环境污染和保护自然资源为主要目的而进行的技术开发、商业流通、工程承包、资源利用和信息服务等各种活动的总称，它包括了环保机械设备制造、环境工程建设、自然保护开发经营和环境保护服务等各个方面，是一个与其他部门相互交叉、相互渗透，且跨产业、跨地域和跨领域的综合性新兴产业。

综上所述，可以将绿色环保产业定义为：国民经济结构中以防治环境污染、保护及改善生态环境、促进与环境和谐共生为主要目的而开展的各种活动为载体的产业，具体包括绿色环保技术研发与使用、环境工程建设、环保机械设备制造、自然保护开发经营和环境保护服务等多个领域。

（二）绿色环保产业的特点

1. 公益性

绿色环保产业主要的产出对象——环境资源是典型的公共品，有着很强的外部性。某一个体对环境造成的破坏，整个社会要为之承担成本；某一个体通过投入对环境改善造成的正向影响，其他人可以无偿分享；相对个体而言，成本与收益的不对等易造成"个体不愿意主动支付和提供这一公共品，且为追求自身利益最大化而对环境资源过度使用"的情形。环境资源的外部性引发的"市场失灵"，需要政府通过管理来矫正，这决定了绿色环保产业具有较强的公益性特征，难以自发地产生和发展。

2. 经济、环境、社会效益的综合性

绿色环保产业通过投入人才、资金、物资等要素生产制造环境治理产品，提供环境治理服务，从而满足经济社会发展需要，贡献经济产值、提供就业机会，创造经济和社会效益。但与其他产业在生产消费过程中不断地消耗资源、产生废弃物污染环境不同的是，绿色环保产业是对其他产业在生产和消费过程中造成的环境损害予以处理和还原，其创造价值的过程更突出环境效益，在产出方面有着复原环境资源的功能，因此维持了经济与社会发展的平衡性，产生较大的社会效益。由此，绿色环保产业具有经济、社会和环境的综合效益。

3. 关联性

绿色环保产业因主要从事清理其他产业造成的环境破坏、改善总体生态环境的活动，所以与国民经济的其他部门有着很强的关联性。一方面，国民经济其他部门的发展影响绿色环保产业的发展，其他产业的快速发展造成大量资源耗损和污染，这为绿色环保产业创造了需求与成长空间；另一方面，不同产业需求的环保产品与服务不同，如工业主要需要污染防治设备、环境监测仪器等，服务业主要需要环保工程设计、施工及运营管理服务等。

4. 强政策依赖性

绿色环保产业的公益性特征使其不能单纯依靠市场力量得到正常发展，需要政府强制性的推动，因此，对政策有较强的依赖性。绿色环保产业只有通过政府制订环保目标，制定相应政策法规，不断明晰污染产权与定价，有效监管与执法，才能矫正个体边际成本效益与社会整体边际成本效益的偏差，将外部性内部化，刺激个体产生污染治理的需求，促进产业发展。

可以说，绿色环保产业是一个基于环境政策管制而发展起来的产业，明确的管制要求可以为环保需求提供清晰的预期，从而激励技术

创新、环保投资等行为;没有环境政策的管制就不会有环保市场,也就不会有需求,更不会有技术的创新等一系列相关行为。

5. 较高的进入壁垒

绿色环保产业的进入壁垒主要体现在资金、资质和技术三方面。首先是资金壁垒,绿色环保产业的发展涉及大规模、高技术含量的专用设备的引入和维护,基础设施类项目还要在施工期内投入大量的建设资金,这就使得绿色环保产业对资本要素的投入要求很高,属于资本密集型的产业。其次是资质壁垒,在许多国家,环保企业开展设计、运营、工程服务都需要具备相关资质,如我国从事危险固废和污水处理产业需有相关经营许可资质。最后是技术壁垒,绿色环保产业涉及的内容广泛而复杂,污染治理本身具有很大的难度,必须建立在先进的科学技术基础之上,由此可见,绿色环保产业的运行对环保技术有着很高的依赖性,属于高新技术产业,必须拥有高素质的专业人才以及掌握专业技术才能在行业中持续经营下去。

6. 与宏观经济相关性较小

从多个国家绿色环保产业的发展历程来看,绿色环保产业都是伴随着经济高速增长带来的资源耗损和污染积累兴起及发展的,且明显滞后于经济的发展。首先,多国绿色环保产业发展史表明,当经济增长从高速向中高速发展甚至下滑时,之前被高速发展所掩盖的环境资源问题开始突显并得到重视,为了可持续发展,对经济社会与环境间矛盾的协调在这一时期成为工作重点,人们开始提倡并着力于经济发展方式从粗放型向集约型转变、调整产业结构、强调资源节约与环境友好,由此带来环保需求的增长。其次,从多个国家的产业更替变换来看,在产业结构由低附加值向高附加值,由第一、二产业向第三产业的转变中,作为高新技术产业的绿色环保产业将在这一过程中获益。最后,在转变经济发展方式、调整经济结构时,为了促进经济复苏,政府可能会依靠财政投资来拉动低迷的经济增长,此时,与国民经济其他部门关联性强、具有基础设施建设内容与社会经济环境综合效益的绿色环保产业也可能得到大量的资金投入,从而得到快速发展。

综上所述,绿色环保产业与宏观经济相关性较小,在经济下降时期绿色环保产业反而可能得到快速发展。以美国为例。美国经济增长在20世纪80年代中期出现较大下滑,但绿色环保产业的产值却不降反升,呈现逆向的发展趋势。由此,有人用逆周期性来表述绿色环保产业与宏观经济的关系。

(三)绿色环保产业发展的影响因素

1. 环境状况

从多个国家绿色环保产业的发展历史来看,环境状况的恶化是绿色环保产业出现、发展的根本推动原因。Broadbent 曾指出,日本及其他工业发达国家之所以对污染做出反应是因为污染造成的社会压力,即污染的社会强度而不是自然强度决定了他们对污染反应的迟早和快慢。日本骨痛病事件、水俣病事件、四日市哮喘病事件和米糠油事件等严重环境污染公害事件唤起了日本政府和民众的环境的危机感,催生了绿色环保产业。德国在20世纪80年代中期,在柏林墙两侧相继暴发了众人皆知的莱茵河污染事件和西德森林枯死病事件等一系列环境污染灾害后,东西德政府和民众开始意识到环境问题的严重性及环境保护的迫切性,而这在一定程度上促进了德国绿色环保产业的发展。第二次世界大战后美国制造业快速发展,汽车尾气大量排放,以及城市人口不断增加,造成了城市大气环境的严重污染,匹兹堡、洛杉矶等多个城市、工业区发生重大空气污染事件,严重的空气污染威胁到许多美国人的身体健康,支气管炎、哮喘等呼吸系统疾病和神经系统疾病频发,不少人甚至因此失去生命。为了治理空气污染,美国政府制定、实施了一系列政策、措施,以促进绿色环保产业的发展,有效改进空气质量。

环境状况的恶化催生了绿色环保产业,但在绿色环保产业发展的初期,其发展程度不足以抵消污染对环境带来的侵害;随着绿色环保产业的不断发展、成熟后,环境的污染程度有了很好的改善(以美国为例,从重要污染物的排放情况变化趋势可以看出,美国环境质量的维持与改善基本上与绿色环保产业的形成与发展过程相吻合),绿色环保产业可以有效抵制和控制环境污染程度,并最终达成绿色环保产业发展与环境污染防控的平衡;更进一步,绿色环保产业的发展将引领环境朝更清洁、更舒适、更优美的方向发展。

2. 经济发展水平

一个国家的经济发展水平对绿色环保产业的规模、发展速度及技术水平都有着基础性影响,它是绿色环保产业发展的重要推动力。从发达国家绿色环保产业的发展历程来看,经济发展水平越高,对污染治理及健康美丽环境的市场需求和潜力越大,绿色环保产业也就越发达。经济的高速发展往往伴随着资源的大量消耗、工业化和城镇化进程的加快,会产生大量的生活与工业污染,出现较严重的环境问题,刺激潜在的环境治理市场需求,引发对经济社会环境的矛盾协调及资源配置结构性优化的需要,从而促进绿色环保产业的发展;相反,经济发展水平低,人类各项生产活动的水平也较低,资源与环境的消耗与污染也不严重,不会产生对环境治理的强烈需求,当然也就谈不上绿色环保产业的发展。比如日本,在经济高峰期确实比较重视环保;但在出现石油危机和经济问题的期间,日本环保法律倒退,绿色环保产业也因此受到影响。

另外,一个国家的经济发展水平越高,越有能力为环境保护投入资金。据经济合作与发展组织(Organization for Economic Cooperation and Development，OECD）报告，1998 年德国、奥地利、法国和波兰的污染削减与控制费用分别占各国 GDP 的 1.8%、2.6%、5% 和 2.8%，美国在 1994 年就达到了 1.6%，日本和韩国也分别达到 1.3% 和 1.6%。我国的环境污染治理投资总额占 GDP 的比重也在不断提升，2006 年达到了 1.22%，2014 年这一数值上升到 1.5%。

3. 环保法规、政策、标准及执行情况

如前所述，绿色环保产业具有很强的政策依赖性，环境保护规划、环境标准、环境保护政策、环保法律法规及执行情况对绿色环保产业的发展起着非常重要的作用。

环境保护规划作为国民经济发展战略制定和实施的顶层设计方案，为绿色环保产业的发展提供了根本动力。环境保护法律法规及环境标准为绿色环保产业的发展创造了市场需求，将因发展经济等产生的潜在环境治理需求转化为实际市场需求，为满足这类需求，绿色环保产业须提供相应的环保产品、技术及服务。环境标准的不断提升又迫使环保企业不断研发和生产满足更高标准的新技术和新产品，从而促进绿色环保产业的发展；环境保护法律法规越健全、环境标准与环境执法越严格的国家，绿色环保产业越发达，其环境保护技术越具有国际竞争力。作为依据环境保护规划方案确定的绿色环保产业发展方向、在此基础上具体制定的重点发展领域的政策性文件，以及环境保护相关的其他政策（技术创新政策、财政税收政策、投融资政策、国际贸易政策等）通过扶持及经济刺激手段直接驱动对应的市场，进而决定对应行业的发展空间和发展速度，引导和促进绿色环保产业的发展及结构变化。

当然，如果政策法规及标准流于形式，得不到有效执行，其效果也会大打折扣。有效的环境执法可以对环境违法者进行必要的纠正和惩罚，使得环境保护法律法规得以贯彻落实。环境执法不严会导致

环境违法行为屡禁不止。健全的环境保护法规、政策、标准和积极的污染治理措施是绿色环保产业发展的主要驱动力。

4. 绿色环境意识

绿色环境意识是防治污染以及其他公害、改善环境所必需的思想和心理条件，包含人们对环境和环境问题的认知程度和认知水平，具体表现为人们为改善和保护环境主动调整其经济活动和社会行为的积极性、自觉意识、参与意识等，主要包括公众环境意识、企业环境意识等。

公众环境意识是推动绿色环保产业发展的重要动力。公众环境意识越强，对环境质量的需求也越高。更进一步，其可能通过监督举报环境违法、聚集集会反对污染项目等对污染及治理形成压力，影响政策法规及标准的制定，逼迫政府出台更多更严格的环保政策，从而刺激环保市场真实需求的产生，为绿色环保产业的发展提供机会。另外，公众的环保意识还可能使其更愿意为绿色环保产品及服务买单，更愿意参与及支持绿色环保行动等，从而促进绿色环保产业的发展，创造对环境保护产品及服务的市场需求。绿色环保产业和公众的环保意识相互促进、相互作用。一个国家的公民环境意识越强烈，越能确保绿色环保产业的更好发展；一个国家的绿色环保产业越发达，其公民的环境意识越强。

企业环境意识也有助于创造环保市场需求。环境意识强的企业会主动将环境纳入企业决策考量之中，在环保投入与收益之间、短期利益与长期效益之间、当前发展与可持续发展之间努力平衡，有通过推行清洁生产、进行环保基础设施建设、展开环境技术创新、提高产品质量环保标准、参与国际环境标志认证等维持企业的可持续发展的意识及行动，从而产生环保需求，带动绿色环保产业的发展壮大。

5. 技术创新

一个产业的形成、发展及结构的演变，取决于技术、市场和资本等多方面的因素，其中技术进步与创新起着非常重要的作用。绿色环保产业属于技术密集型综合性产业，技术创新对于推动绿色环保产业发展尤为重要。环保产品及服务从设计开发之初，经过中间环节的生产过程一直到最终推向市场，都非常依赖科学技术的创新；技术创新有助于克服经济活动所造成的负外部性，创造市场对新产品的需求。技术创新可以改进环保产品与服务的质量、降低成本提高效益、推进资源的合理配置、促进绿色环保产业的优化升级，借此增强绿色环保产业的市场竞争力。以我国为例，"十一五"期间科学技术进步对污染减排的贡献率为50%—60%，对推进绿色环保产业的发展贡献率为70%—80%。所以，环保部部长周生贤在第二次全国环保科技大会上强调："要通过科技手段创新环境管理理念，积极开展环保技术研发、引进和推广，努力抢占环境技术制高点。"绿色环保产业要以环境技术为基础，环境技术又要以绿色环保产业为应用领域，在实践中持续地加以创新，不断推动绿色环保产业的发展。

6. 资本

绿色环保产业具有资本密集的特征，在真实市场需求促进产业发展的过程中，资本要素投入起着重要的带动作用。资本投入有利于产业成长的要素向产业聚集：一方面在现有管理及技术水平下直接作用于产业，壮大产业规模；另一方面通过加强研发投入来推动管理及技术等方面的进步，助力产业的升级。

7. 其他因素

除了上述影响绿色环保产业发展的主要因素外，海外环保市场、环保人才等也会影响绿色环保产业的发展。海外环保市场需求为绿色环保产业企业开拓海外市场提供机会，环保人才是绿色环保产业发展的关键要素等。

另外,绿色环保产业内部的竞争协作关系、运作机制等也会影响绿色环保产业的发展。产业是由企业构成的,产业内各企业间的竞争协作状况影响着产业的组织形态。竞争使资源配置得以优化,使优秀的企业取得规模经济效应,推动产业走向壮大;同时,产业内单个企业需与其他企业合作,通过形成完整的产业链实现企业间的相互依赖与促进,与竞争关系一同推进产业的发展。产业内部的运作机制会影响产业内部的运行效率,市场机制不健全会导致绿色环保产业缺少合理的价格体系和内在利益驱动机制,使得市场竞争混乱,难以有效满足市场需求;统一开放的市场体系的建立,有助于保证竞争的有序性、理顺供求关系,整体提高企业产品与服务的议价能力,以及产业资源配置的效率。

影响环保产业发展的因素如图5-1所示。

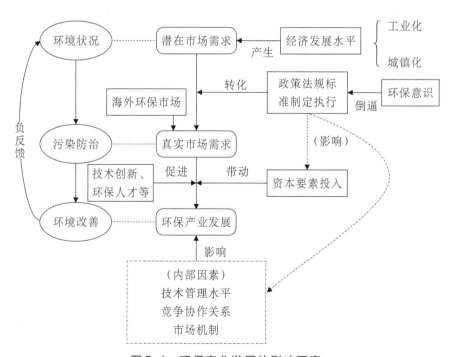

图5-1　环保产业发展的影响因素

8. 小结

影响绿色环保产业的因素很多,图5-1仅列出了一些主要因素,与这些因素紧密相关的是一系列组织机构:政府、绿色环保组织、投融资机构、大专院校、研究院所等。

政府除了通过制定并执行环保法规、政策、标准等影响绿色环保产业的发展外,还会通过投入公共财政弥补绿色环保产业发展早期市场投融资力量不足造成的投资空白,为绿色环保产业发展尤其是初期发展提供主要的资金来源;政府还可能通过宣传、教育等方式培养提升民众的环保意识,借此为绿色环保产业发展助力等。

绿色环保组织从19世纪20年代爱尔兰政治家马丁和上层社会的人道主义者成立世界上第一个民间动物保护组织以来,其发展已跨越近两个世纪。从最初的精英人士发起到公众逐渐参与,再到现今的全球网络化发展,民间环保组织扮演着国家环境政策的监督者与促进者的角色,为民众提供他们想要的环境服务,进行环保宣传与教育,动员群众反对各种形式的污染,同破坏环境的势力进行斗争,它们已成为环境保护中的重要角色。环保组织的行动增强了民众的环境意识,对破坏环境的行为构成威胁与外在压力,刺激与放大环保需求,由此促进绿色环保产业的发展。

根据国际经验,当污染治理的投入占国民生产总值的比例为1%—1.5%时,环境污染能得到基本控制;提高到2%—3%时,环境质量能得到有效改善。环境事业所需的庞大资金显然无法单纯依靠政府实现,相当一部分需要依靠投融资机构的资金支持,因此投融资机构的健全、成熟与发达程度也是影响绿色环保产业发展的一个重要因素。

此外,大专院校、研究院所也对绿色环保产业的人才与技术供给具有重要影响。

(四)绿色环保产业的发展模式

产业发展模式是在一定的市场定位和外部发展条件的基础上,通过产业外部和内部的一系列结构表现出来的产业发展的路径或者资源利用方式。产业发展模式是对不同结构的描述,如出口导向型模式意味着产业出口值在产业产值中占的比重比较大;政府调控型产业发展模式反映出在配置资源时,政府的影响程度大于市场。产业发展模式是对资源利用方式的描述,如:以大企业为主的发展模式要求产业发展过程中所需要的各种资源(资本、劳动力、技术)的集中度更高,让管理水平高、风险控制能力强的大企业掌控资源,以便充分发挥规模经济效益;劳动密集型的产业发展模式是把有限的资源投入劳动力资金构成占比高的产业中,为充分利用人力资源,用同样数量的资金容纳了更多的劳动力。产业发展模式还可以通过产业自身特点来反映,如以劳动(或技术)密集型产业为主的产业发展模式,也可以通过产业发展的外部环境来反映,如以市场(或者计划)调控为主的发展模式,以内资(或者外资)为主的发展模式。

从绿色环保产业自身的发展特点分析,绿色环保产业发展模式可以从以下五个方面进行概括:一从产业发展突破口来看,可以分为渐进发展型、全面推进型;二从企业规模结构来看,可以分为以大企业为主的发展模式和以中小企业为主的发展模式;三从产业地位来看,可以分为作为战略产业或者主导产业重点发展的发展模式以及作为一般产业发展的发展模式;四从目标市场定位来看,有外向型发展模式、内向型发展模式;五从企业融资方式来看,有以间接融资为主的发展模式和以直接融资为主的发展模式。如表5-1所示。

表 5-1 与产业发展特点相关的环境产业发展模式

产业发展 模式分类	主要模式	特　点
产业发展 突破口	渐进发展型	根据环境污染状况,按照环境设备、环境技术、环境服务业顺序渐进发展,经济发达国家采用的发展模式
	全面推进型	全面发展广义环境产业,环境污染问题突出、经济发展速度较快的国家采用此模式
企业规模 结构	以大企业为主	大企业占主导地位,研究开发力量强大,具有国际竞争优势
	以中小企业为主	中小企业是环境产业发展的主力,企业分工明确,专业化程度高
产业地位	战略产业或者主导产业	集中资源、给予产业优惠政策、产业增长速度高、带动效应突出
	一般产业	在资源供给、发展政策等方面无特殊倾斜政策,产业增长速度与国民经济平均增速接近
目标市场 定位	外向型发展模式	面向国际市场开发环境技术、生产环境产品,充分利用国际市场资源
	内向型发展模式	产品以及技术主要供应国内市场,市场开放程度低,主要利用国内资源
企业融资 方式	以间接融资为主	缺乏有效的资本市场,环境产业的投资收益没有得到认可
	以直接融资为主	资本市场发达,环境产业的发展前景和投资收益得到投资者认同

　　从推动环境产业发展的外部环境角度分析,环境产业发展模式可以从以下三个方面概括:一从推动产业发展因素角度看,可以归纳为法规推动型、政府推动型、技术推动型、市场推动型;二从产业发展的资金来源角度看,有以政府投资为主的发展模式、以企业投资为主的发展模式、政府和企业共同投资的发展模式;三从环境产业管理角度划分,有政府管理型发展模式和中介组织管理型发展模式。如表5-2所示。

表5-2　与外部环境相关的环境产业发展模式

产业发展模式分类	主要模式	特　点
推动产业发展因素	法规推动型	制定严格的环境保护法律、法规,迫使企业、政府投资环境产业,启动环境产业市场
	政府推动型	制定环境政策、环境标准,公共资金投入环境产业,鼓励环境友好企业发展
	技术推动型	技术创新、优先发展环境技术,走高科技产业发展模式,用环境技术带动环境产业发展
	市场推动型	建立环境市场,理顺环境、资源价格,根据市场需求确定环境产业发展方向、产品结构,使环境产业发展满足国民经济发展的需要
产业发展的资金来源	政府投资为主	将资源、环境看作纯粹公共产品,政府承担环境投资主要责任,投资项目环境效益好但是经济效益不能兼顾
	企业投资为主	企业在环境产业领域的投资占主导地位,主要方向为污染治理设备、清洁生产、低公害产品
	政府和企业共同投资	政府投资环境基础设施,企业投资由自己的行为造成环境污染的治理项目,企业投资部分环境基础设施
产业管理方式	政府管理型	政府综合经济管理部分或者职能部分通过建立市场准入制度、制定产业政策、制定产业发展规划等手段管理
	中介组织管理型	产业协会通过提供信息、制定标准管理,以提供信息服务为主要目的

(五)绿色环保产业的发展趋势

集聚化发展。绿色环保产业的集聚化发展趋势是在西方发达国家工业化进程中不断总结归纳而提出的。国内外学术研究和实践经验表明,产业集聚化发展的模式能够加强企业之间的竞争合作,获得规模效益和范围经济,更有效地推动产业的进步和经济的发展。绿色环保产业作为高新技术产业,集聚化发展有助于降低集聚内部企业成本、实现规模效益、促进企业间知识与信息共享、提升其整体竞争力等,鼓励产业集聚也是促进高技术化发展、实现产业创新的重要途径,有助于产业集聚区形成政产学研联盟。

园区化发展。园区化发展模式是在特定区域划出一定面积的土地,将企业集中于产业园区内发展,吸纳劳动力,统一提供一系列服务,通过专业化管理服务机构进行运作的集约式发展模式。绿色环保产业属于政策敏感型产业,较易受到政策规划影响而集中于产业园区内发展。园区化发展需要与园区内部的专业化服务、关系网络等密切配合,以达到促进产业创新的目的。环境法规、专项扶持基金、园区管理水平、相关高校及科研院所和专业化服务部门等对绿色环保产业园区化的发展有着非常重要的作用。绿色环保产业园区化主要有两种模式:独立的绿色环保产业园和园中园模式。其中园中园模式指综合工业园区内出现相对独立的绿色环保产业园,共享园区基础设施和管理服务等。

产业层面的专业化发展。绿色环保产业链的主要节点为环保基础设施运营、环保研发和污染治理产品制造等,不同节点又可以按水、大气等环境要素进行细分。专注于某个特定环保细分领域的研发企业、制造企业、服务企业的出现,正逐步将环保专业化分工趋势推向极致。环保领域的专业化更多的是地区层面的专业化发展,各地区绿色环保产业的专业化优势、政策导向、发展规模有所不同,专业化发展方向存在较大差异,如有的地区是以环保设备制造为主,有的地区是以环保装备制造和环保服务业为主。

市场化。绿色环保产业的产出作为公共产品,在发展的初级阶段,政府会通过投资、规划等手段推动绿色环保产业发展,但政府主导型的产业发展道路往往可持续性较差。因此,当具备一定基础和市场支撑条件后,过分依赖政府管理的模式会改变,引领绿色环保产业发展的主导力量将过渡为市场需求。在市场需求的引导下,实现产品质量和服务质量的升级,使与绿色环保产业相关的生产、服务活动成为社会各界自我发展、自觉参与的行为。从政府主导型向市场导向型转变的模式也得到多个国家绿色环保产业发展历程的证实。

高技术化。从低端向高技术化发展是产业的成长规律,通过技术创新改进产品与服务的质量、降低成本、提高效益、推进资源的合理配置、促进产业的优化升级,借此增强产业的市场竞争力,这一点同样适用于绿色环保产业。绿色环保产业作为与传统产业密切相关的高新技术产业,清洁生产、新材料、新能源等高新技术层出不穷。作为政策依赖性较强的产业,为促进绿色环保产业高技术化发展,引导绿色环保产业科技进步,利用经济政策引导绿色环保产业市场化可作为重要手段。另外,经济发展水平、技术创新、信息共享、协同服务及政策支持等多个方面也对绿色环保产业的高技术化发展有显著影响。龙头企业主导模式、整体品牌塑造模式、核心客户带动模式、知识共享模式和政府主导模式等产业发展模式,能有效推进分散的、低端的绿色环保产业向高技术新兴绿色环保产业转变。鼓励产业集聚也是促进高技术化发展的重要途径,产业集聚区有助于形成政产学研联盟,从而鼓励技术创新。

二、典型国家绿色环保产业发展历程及经验

(一)美国绿色环保产业的发展历程

1. 20世纪60年代末之前

第二次世界大战后,美国的经济发展方式较为粗放,以高耗能、高污染为主要特征,但当时环境情况并未引起政府和社会的重视,虽然

国家为满足基本需要出台了《空气污染控制法》(1955年)、《清洁空气法》(1963年)等法律法规,制定了市政供水、固体废物回收等领域的相关规定,但当时的绿色环保产业还谈不上是产业,总体规模很小,分布也不集中,而且包含的种类相对单一,产业促进政策严重不足。

2. 20世纪60年代末到70年代末

1969年,美国国会审议通过《国家环境政策法》,正式明确了环境政策的制定与环境目标的设立,鼓励公众参与环境保护,并对环境影响评价工作做了规定。《国家环境政策法》于1970年开始执行,为美国环保事业的起飞奠定了法律基础,也由此开启了美国出台相关环保政策和立法的浪潮。1970年年底,美国联邦环境保护局(EPA)(美国环境管理最高行政机关,主要工作重心为识别环境保护的优先级别并研究发展策略)和国家环境质量委员会(CEQ)相继成立,初步完成了政府层面专业、权威机构的设置,标志着美国特色的"命令+管控"的政策监管体系的建立,进一步为环保事业的发展奠定了组织基础。

在此之后的近十年间,大量有关环境保护的法律法规出台,涉及水污染、大气污染和固体废物管理等多个领域,如《清洁空气法》(1970年)、《清洁水法》(1972年)、《资源保护与恢复法》(1976年)等等,这些法律法规设置了较为严格的环境标准和减排目标,并强调了执法监督的重要性。据统计,1969—1979年,美国先后通过了27部环境保护法律和数百个环境管理条例,在各国环保发展历程中独树一帜。通过这些法律法规及标准的制定与实施,美国环保事业在各个领域开始了初步的探索和发展,同时有效地激活了对应的市场需求,各个领域都开始产生专业性的企业,绿色环保产业快速形成并粗具规模。

3. 20世纪70年代末到90年代

自20世纪70年代末开始,美国环保事业步入了一个新的发展阶段。随着初期设立的各项法律法规的顺利执行,环保政策体系初步得到完善,政府开始着手对相应的法律法规进行深化。1980—1990年,美国不断地修订各类环境法规,其中环境标准也越来越严格,如《清洁空气法》在1970—1990年期间三次被修改,一次比一次严格。与此同时,美国政府开始更为积极地推动市场化进程,更为关注如何用综合性手段促进产业层面的发展,各项经济政策手段开始逐渐实施并完善,从交易、税收、资金投入等多个角度加大对环境产业的扶持力度:1979年,美国政府开始实行排污权交易政策;1980年,制定实施《综合环境资源补偿和责任法》,规定向石油化工产业征收环境税,随后几年在这一法案基础上又设立了超级基金计划,其支持的工作内容就包括对有害废弃物清理技术的研制;1986年,对企业综合利用资源所得给予所得税减免;1987年,建立"清洁水州立滚动基金",向清洁水项目提供低利息贷款等支持;1991年,美国有23个州对购买循环利用设备的企业免征销售税;等等。

不断提高的环境标准和针对污染行为的经济控制举措给各级政府和企业带来了巨大压力,一方面促进了更多更广的市场需求,另一方面也促使高新环保技术的涌现。而环保投资和产业扶持政策的不断强化,则从动力方面给予了环保企业更多的保障和激励。上述措施的合力作用极大地促进了美国绿色环保产业的发展,使其进入长达十年的高速发展期,迅速成长为主要的营利性产业。有数据显示,从20世纪70年代中后期开始,美国绿色环保产业快速成长,年增长率在10%以上。

4. 20世纪90年代到20世纪末

到1990年,经过20年左右的发展,美国绿色环保产业体系已建立健全,政府规制和市场运行机制开始共同发挥作用。本土的环境质量大为改善,新出台的环保法规和政策逐渐变少,工业界也在一边投入更多资金进行清洁生产,一边大力发出环境标准不宜制定过高的呼声,这些都从主观和客观两个方面影响了绿色环保产业的发展,促使其逐渐进入成熟期。在这一时期,美国绿色环保产业表现出增长率放缓、市场趋于饱和、买方权利日益增加等特征,各领域环保企业的优胜劣汰和兼并重组加速进行。一些美国学者敏锐地注意到了这一趋势,并积极地对环保企业未来的发展出谋划策。

为了维持绿色环保产业对经济的持续推动力,美国政府在推进环保技术研发及更新换代、环保技术的产业化和出口贸易等领域持续发力:

1990—1999年实施了先进技术规划(ATP),推动政府、私人企业和研究机构、大学合作,实现对风险较大的包含能源与环境、新材料、化学等领域的高新技术的研究和开发。

20世纪90年代初期制订了加速技术产业化计划,对环保技术的开发在申请许可的审批、技术示范、提供场地等方面给予支持,尽量降低其产业化进程中的障碍。在选择环保技术进行产业化加速时,该计划以环境和市场需求作为基本选择条件,并对具有商业化条件的技术,在其产业化进程中对诸如试验、评估、示范等关键节点都予以明确的目标评估。通过这些加大研发投入、加快产业化进程政策的实施,美国政府成功地孵化了早期一批中小型环保企业,它们也逐渐发展成为当今活跃在环保领域的公司和组织。

1993年1月,美国推出"环境保护技术产品出口战略",鼓励本国企业积极参与国际环境领域的市场竞争;成立商务部牵头的促进中心,商务部专门设立了环境技术产业办公室,研究国际绿色环保产业市场竞争、各国环境技术发展水平、环境技术需求情况并评估本土企业出口机遇和风险,通过高效的行政手段引导美国环保企业产品、服务、技术的出口。在该战略的影响下,当年美国环境产品和技术出口额就增加了 25 亿美元。

1995 年出台了《国家环境技术报告》，要求政府、学校、产业界紧密协作，加大环保技术的研究及开发力度，并确定了工业生态、清洁能源、污染清除和恢复、生物技术等关键技术领域，以工业生态作为重点发展对象；制定并发布了《国家环境技术战略》（NETS），该战略是在认识到环境技术对解决当时美国与环境有关的问题有着至关重要作用的基础上，制定的用来指导、协调和推动环境技术的开发、应用和商品化的环境技术的总体发展战略；出版了《美国环境产业：技术手册》。

有数据表明，1990 年以来美国政府的环境技术研发经费投入一直维持在研发总经费的 9% 左右。事实证明，美国在环境技术领域的投入提高了环境产品的质量，增强了美国绿色环保产业在国际市场上的竞争力，绿色环保产业的发展又进一步推动了美国经济的发展。

5. 21 世纪以来

2000 年后美国互联网泡沫破裂引发新经济危机，为了提振陷入衰退迹象的美国经济，美国政府选择对经济进行国家干预，推行了扩张性的财政政策和货币政策，通过降息、减税、出口等刺激消费和鼓励投资。在这一进程中，隶属于基础设施建设、利于经济结构调整、具有良好社会效益的环境保护项目受到重视并获益不少。

21 世纪以来，历任总统任职期间发布的典型环保法规政策、采取的相关行动如下：

2002 年布什政府公布第一个国家出口战略（NES2002），强调政策之间的协调，主要目的是帮助更多的环保企业获得市场信息及相应的技术协助。2003 年出台《美国气候变化科学计划的战略规划》，创建东北部创新集团（Northeast CHP Initiative），鼓励多个组织协同参与环境与能源的技术研发，实现优势互补，既加大了技术成果转化的力度,也解决了技术研发的经费问题。2002年、2003年和2004年的环境技术研发费用分别达34.18亿美元、36.9亿美元和37.62亿美元。2005年出台《美国气候变化技术规划》,鼓励大气污染领域的技术研究及开发,连同2003年推出的《美国气候变化科学计划的战略规划》,这两项规划在2005年的预算均达到20亿美元。2005年颁布《能源政策法》,规定了交通运输业的可再生能源使用比例,明确从2005年起十年间,美国向能源企业提供146亿美元的减税额度,以鼓励石油、煤气、天然气和电力企业采取节能措施。2007年颁布《能源自给安全保障法》,提出了未来十年的汽油排放量减排目标。

奥巴马政府于2009年颁布《美国清洁能源安全法案》(规定到2020年前,美国的排放总量相比2005年要降低17%,到2050年则要降低83%,法案颁布后每年为燃煤发电的碳捕捉设备改建、科研等提供10亿美元的资金)、《美国恢复与再投资法案》(明确规定拨款近1000亿美元用于能源研究、相关税收抵免和基础设施建设,以在新能源发电领域实现突破)。为促进新能源的研究,提出一项加强清洁能源科学研究及技术的国家级计划。颁布小企业管理局(SBA)7(a)贷款计划,由参加项目的金融机构对小企业提供200万美元以内的贷款,SBA提供一定比例的担保,与金融机构分担偿债风险。向福特(Ford)、日产(Nissan)等汽车企业提供10亿美元的低息贷款,支持它们为生产电动汽车和其他低能耗车辆重新装备。将绿色产业视为对美国传统优势产业——汽车、信息技术和金融进行升级、创新的新动力,将这些优势产业的绿色改造和将这些产业在绿色环保产业中的应用作为美国应对经济危机的重要措施。为此,在2009年经济刺激计划中,在能源与环境计划上安排了710亿美元,另外还安排了200亿美元用于绿色税收计划,这些资金占整个经济刺激计划投资的近9%。2010年推出一项"全面性战略",即为以环保产品及服务为主的,包括可再生能源等快速增长的产业寻找国际市场,促进对中国、印度、巴西等发展中大国新兴市场的出口,并提出要使其出口额沿着全球环保贸易的发展态势,在5年内翻1倍,并创造200万个就业机会。2011年加强清洁能源的科学、技术、工程和数学教育的国家级计划申请经费达7400万美元。实施1603财政部补贴计划,在2008—2011年支持了大量太阳能光伏和光热项目的开发,美国太阳能行业协会曾多次表示"该计划是美国太阳能产业最重要的政策"。

(二)日本绿色环保产业的发展历程

1. 20世纪70年代前

第二次世界大战以后,日本为了恢复被战争拖累的经济,采取了较为激进的经济发展举措,大力扶持钢铁、煤炭、化工等项目,在取得GDP快速增长的同时也耗损了大量资源、能源,造成对环境的巨大破坏,给人们的身体健康带来了极大的危害,其中最著名的是1955年富山县的骨痛病、1956年熊本县的水俣病、1961年四日市的哮喘病、1966年新鸿县的第二次水俣病"四大公害"事件。当时,针对环境污染仅有《工厂排污规制法》(1958年)、《烟尘排放规制法》(1962年)、《生活环境设施整备紧急措置法》(1963年)等零星的法律法规,以及来自银行等机构(如1960年日本开发银行在贷款制度中新增了公害防治对策方面的内容,给予从事公害防治对策方面研究的大企业以相应的贷款,以鼓励大企业进行环境污染防治和生态环境改善)的少量资金支持。污染事件的不良影响及公众反公害运动的压力迫使日本政府开始重视环境保护方面的工作,于1965年设立了公害审议会,成立了为中小企业提供公害防治资金支持的日本环境事业团(JEC);1967年发布了《公害对策基本法》,明确了政府公害对策的基本原则等。在此基础上,日本又于1968年出台了《大气污染防治法和噪音规

制法》,1970 年修订或制定了《水质污浊防治法》《公害对策基本法》等
14 种环境保护新法律,开始从具体领域层面推动环保事业的发展。
这些环保法律法规及政策的出台激活了处于缓慢形成期的日本绿色
环保产业,使其进入短暂的快速形成期。

2. 20世纪70年代到80年代

紧随着 1970 年年底日本国会一并通过的 14 项与防治公害相关的
法律,1971 年作为政府专门管理环境问题的机构——环境厅成立,自
此掀起了环境保护特别是公害治理的风潮。

整个 20 世纪 70 年代,大量内容丰富、措施明确的重要环保法规、
政策与标准相继出台,包括《水污染防治法》《自然环境保全法》《废物
处理法》《关于公害造成健康受害者补偿法》《大气污染防治法》以及
环评制度、水质总量控制制度等,同时伴有日本开发银行等机构对企
业的绿色贷款优惠,催生并保证了巨大的市场需求,直接推动了各主
要环保领域的大发展,如 1973 年出台的《关于公害造成健康受害者补
偿法》要求追究政府和企业的污染责任,对污染行为科以重罚以赔偿
受害者损失,在短时间内极大地促进了治污项目的上马;再如《大气
污染防治法》多次修订,先后明确提出了责罚标准,并力推 SO_x 总量控
制,从而进一步强力拉升了绿色环保产业特别是大气领域在成长期
的产值增长速度。

日本绿色环保产业的发展进度在环境法律法规及资金的促进下
大大加快。在这一时期,政策带来的烟气除尘、脱硫、工业污水治理
等市场的巨大需求使日本环保装备的总产值不断冲高,由此大大带
动了日本的工业污染治理技术与装备相关产业的飞速发展。根据日
本总务省的统计数据,到 1976 年环保装备总产值达到近 7000 亿日
元,相比 1966 年的约 340 亿日元,十年时间增长了 20 余倍。在各子领
域逐渐有了龙头企业,同时,巨大的市场需求带来了企业数量迅速增

长，并推动了大量优秀中小企业不断脱颖而出。伴随着绿色环保产业快速成长的同时是 70 年代中后期整体环境质量逐步好转。

3. 20世纪80年代到90年代

进入 20 世纪 80 年代，日本绿色环保产业经过前十年飞速的突破和发展，渐渐进入较为成熟的稳定发展期，此前各领域严重的污染问题现已取得明显的治理成效，国内环境质量尤其是工业污染治理得到非常大的改观。这一阶段出台的环保政策明显减少，更多的是在进一步消化 20 世纪 70 年代出台的大量法令政策，通过适当提高标准和增加指标来深化其治理工作。进入 20 世纪 80 年代中后期，经过 20 年的努力，日本的工业污染得到初步遏制。

4. 20世纪90年代到20世纪末

1990 年后，日本"经济泡沫"破裂，国内经济出现严重的下滑乃至崩溃现象，进入近十年的低迷期。在这一情境下，同美国类似，受益于经济调整和转型的环保事业得到了新一轮的发展。在政府的大力支持下，用于环境保护的投资额不降反升，不少亏损企业在治污过程中还获得了政府的资金帮助。从 20 世纪 80 年代末到 90 年代中，一系列新的环境政策颁布，包括新修订的《水污染防治法》、新的《环境基本法》《基本环境计划》等，从标准、工艺等多个方面对环保事业提出了新的要求，拓展了环境保护的范围（如《环境基本法》在《公害对策基本法》的基础上，将环境保护的范围由"公害"拓展到降低环境负荷、保护全球环境等更大的领域），使日本的环保工作逐步向环境质量的综合改善延伸，再次从政策层面为环保领域注入新活力。另外，日本政府还较早地意识到本国环保产品与服务存在的国际竞争优势，积极推动脱硫设备等环保设备的对外出口，进一步为绿色环保产业的扩张提供空间。在这些举措的综合作用下，日本绿色环保产业在 90 年代再次出现新高峰，实现了第二轮的大力发展。在这一时期，日本在探讨经济可持续发展的途径时,也开始考虑将"大量生产、大量消费、大量废弃"的社会经济发展模式向生态型经济转型的问题。

5. 21世纪以来

进入21世纪,为了解决日益严峻的债务危机,小泉内阁开始削减公用事业的支出,一定程度上影响到绿色环保产业的发展,并使社会对污染治理的需求有所萎缩。与此同时,日本环境保护的重点也明显从末端治理向前端控制转移,提出了发展循环经济型社会的新思路,并出台了多项重要政策予以实施。

如2007年日本内阁经济财政咨询会议正式审议通过21世纪环境立国战略特别部会(日本环境省在环境大臣咨询机构"中央环境审议会"下设立的机构)的建议,公布了《21世纪环境立国战略》。日本环境立国的目标是:创造性地建立可持续发展的社会,即建立一个"循环型社会""低碳化社会"和"与自然共生的社会",并形成能够面向世界传播的"日本模式",为世界做贡献。该战略的颁布,不仅进一步推动日本绿色环保产业向深度发展,而且把日本环境保护事业推向了一个更高层次的发展阶段。

再如2009年年底,日本政府制定了"住宅环保积分制度"。该制度的设计目标是促进绿色环保产业发展,主要内容是国民在新建或改建住宅时,若使用节能环保材料,且其性能达到政府规定的标准,就可向政府申请环保积分。工程类别及节能减排的能力决定积分的多少,每1个积分相当于1日元,最高可获得30万积分。"住宅环保积分制度"的设计理念,是运用市场机制,通过国家行政手段,把刺激消费、扩大内需与强化环保意识、构建低碳型社会进行深度融合,并使之发挥多元化政策目标功能。具体而言,就是在"行政驱动"和"利益驱动"下,以节能法规、环保标准为制度支撑,使政府、住宅拥有者、施工商、节能材料的销售商和制造商在实现"权、责、利有机结合"和

"产、供、销有机衔接"的基础上,渐渐形成多元化的制度效果。

又如,2009年出台"新增长战略",提出了日本经济社会的可持续发展战略,把创造"绿色创新环境和能源大国"视为发展方向。在这样的发展战略规划框架指导下,日本政府于2010年3月"在中长期温室气体削减路线图"中承诺到2020年温室气体排放量削减25%,到2050年削减80%。同年日本环境省又发表了"环境经济增长愿景",要求重点发展绿色环保产业,特别是资源循环利用等相关产业,同时提出应针对绿色环保产业制定专门的产业发展规划,以扶持该产业的顺利发展。这些制度与政策刺激与促进了日本企业对节能减排产品和技术的投入。

(三)德国绿色环保产业的发展历程

1. 20世纪80年代前

第二次世界大战后,因忙于恢复经济、改善民生、整军备战防备战争再起等,联邦德国曾一度忽视环境的保护与治理。虽零星地出台过部分涉及环境保护内容的法律,如1957年出台《饮用水法》,1968年出台《植物保护法》等,但没有全面系统的环境保护内容。当时许多企业家将环境保护视为"额外负担",认为把资金投入环境保护会影响企业的发展速度,削弱企业的竞争能力。由此,随着经济的发展,石油、煤炭等能源消耗的大幅增长,德国的环境灾难便发生了,一些化工厂将污水排入河流湖泊,河水有毒物质的含量因此迅速增加,导致大量鱼虾死亡,20世纪70年代流经德国最大的河流莱茵河被称为欧洲最大的下水道。因一氧化碳、二氧化碳、硫的氧化物大量排放,空气受到严重污染,森林大面积被损害,许多动植物遭受灭顶之灾。环境的恶化给社会经济发展带来的危害使政府认识到,环境保护与经济发展是相辅相成的,必须同步进行,而不能用牺牲环境的方法去发展经济。为此,20 世纪 70 年代德国政府就开始着手进行环境立法工作,出台了一系列环境保护法律法规,如 1972 年制定的《废弃物处理法》(其被称为德国第一部真正意义上的环境保护法,是德国环境立法的奠基石)、1974 年的《联邦污染物排放控制法》等,由此催生了绿色环保产业的孕育诞生。

总体来说,1980 年以前的德国绿色环保产业发展动力主要源于环境法律的强制约束和政府管制,绿色环保产业主要专注于治理重工业、制造业产生的空气污染、噪声污染和水体污染,产业规模小、产业门类单一。

2. 20 世纪 80 年代到 90 年代

虽然德国政府已经意识到环境问题并通过制定法律法规等手段进行环境治理,但 20 世纪 80 年代德国的总体环境状况依然不容乐观,尤其是 80 年代中期,在柏林墙两侧相继暴发了众人皆知的莱茵河污染事件和西德森林枯死病事件等一系列环境污染灾害,使东西德政府和民众意识到环境问题的严重性及环境保护的迫切性。

为此,德国政府采取了多种方式治理环境。这一时期政府多次掀起运动,号召人们减少、分解和重新利用废弃物。重新规定了热电厂排放硫和氮氧化物含量的更严格标准,城市实行集中供热,没有集中供热的居民区配置清洁的燃气锅炉与燃油,推动燃煤设施改燃天然气等。通过税费的征收鼓励个人使用小排量发动机汽车,向用户提供无铅汽油。为快速普及无铅汽油,政府对无铅汽油实行了减税措施,并鼓励在汽油中添加其他如乙醇等替代成分。出台经济刺激政策鼓励企业主动参与环境保护。增加治理环境污染的费用,如 1986 年政府用于治理环境污染的费用高达 1036 亿马克等。与此同时,这一时期,环保技术研发也逐渐受到重视,产生了大量的环保专利技术申请,煤炭气化和用煤生产甲醇的设备就是在这一时期研发成功并投入批量生产的。

在多方力量的合力推动下,德国的绿色环保产业进入发展期,凭借其发达的制造业基础,起步较晚的德国绿色环保产业优先发展环境保护产品制造等核心产业,并在短时间内形成产业规模,提升产业竞争力。20世纪80年代中期之后,德国的环境状况迅速改善,德国成了著名的环保国家,绿色环保产业已成为其国民经济的重要产业部门。当然,这一时期德国的绿色环保产业发展是政府主导和法律约束共同作用的结果。

3. 20世纪90年代到20世纪末

1990年东西德合并,统一稳定的政治环境与经济情况为绿色环保产业带来了发展新机遇。这一时期,政府依然采取了制定完善法律法规、环保计划,开征生态保护税,加大环保投入,推广使用清洁能源,重视环保技术研发与创新等手段规范引导与促进绿色环保产业的发展。

1994年环保责任被写入基本法,1996年10月生效的《循环经济法》引领德国绿色环保产业走上了循环经济发展的新道路。为了减少汽车尾气排放,提高空气质量,欧盟环保委员会于1996年6月通过了一项新的环保计划,即在2010年前将欧盟的道路污染减少79%,2000年前取消含铅汽油,为此,德国三大汽车公司竞相开发低污染技术。1999年开征生态保护税,以便压缩原始能源的消耗,进一步开发利用再生能源,其中汽油每升征税6芬尼,重油每升4芬尼,天然气每升0.32芬尼。开始大面积地推广使用清洁能源,1999年德国政府启动了10万座屋顶太阳能项目,在住宅区安装10万套光电设备,总容量达30万千瓦,夏天盈余的电量可并入电网中,冬天则再从电网中获取所需电量。

这一时期大量的资金被投入到环保领域,有资料显示这一时期德国每年的环保贷款近 100 亿马克,企业每年的环保投资 60 亿—80 亿马克,这些资金大部分被用于加强环境科学研究与技术开发、提高预测环境风险、监测环境指标与治理环境污染能力等方面。以萨克森州的 Elsterberg 化纤厂为例。1993 年该厂总投资为 1.6 亿马克,其中 9000 万马克用于生产装置的整顿和现代化建设,5000 万马克用于厂房和污水管道的维修,在生产装置进行整顿和现代化建设中,该厂建设了多项环保项目。企业除了投资环保项目以外,还通过产品设计、自愿建立回收系统等方式实践环保,许多厂家如西门子公司等在 20 世纪 90 年代便要求设计人员开发产品时要考虑到它的回收,尽量减少材料与零部件的数目,方便拆卸。德国与汽车有关的 15 个行业经营者,于 1996 年 2 月成立了一个自愿负责的组织,建立回收系统,在 2015 年整部车件要达到 95% 的回收率,只有 5% 的零部件送进垃圾掩埋场;这个组织于 1996 年与德国环保部达成协定,并于 1996 年年底开始回收 12 年以内的车,1998 年整车部件已经实现 25% 的回收率。此期间环保技术研发与创新仍然备受重视,有统计数据表明在 1983—1993 年的 10 年中,全世界共有 5500 项环保专利技术申请,其中 85% 来自德国。

这十年间,德国的绿色环保产业发展很快,环境治理成效显著。1994 年,德国绿色环保产业从业人员 17.1 万人,占总就业人口的 0.48%,产值 333 亿美元,占当年 GDP 的 1.2%,产值年增长率为 10.3%(当年 GDP 增长率为 3.8%)。1997 年德国的环保技术与产品占全球市场的 21%,另据德国政府 1997 年的环境报告,全国环境保护及相关领域的从业人员接近 100 万人,有近 5000 家生产环保产品和研制环保技术的企业,绿色环保产业的年经营额达 800 亿马克,环保已成为德国经济持续发展的动力。环境质量也得到了大幅提升,废弃物、气体排放、资源利用等各项指标成果喜人。以 1960 年为比较基数,1995

年德国的能源利用率提高了 31％，水资源利用率提高了 36％，原材料利用率提高了 49％。20 世纪 90 年代前 3 年，各种废弃物减少了 16％，仅为 2.52 亿吨，家庭垃圾 1990 年时为 4330 万吨，1997 年减少了一半。在 1990—1994 年之间，德国二氧化碳排放量减少了 9.5％，这在欧洲当时是最佳成效。到 90 年代中期，德国生产的所有汽车都安装了只能使用无铅汽油的废气三元催化净化装置，汽车从 1970 年 1500 万辆增长到 1995 年 4000 万辆，污染水平并未提高。到 1999 年，德国二氧化碳的排放量已经减少了 15.5％（从 1990 年的 10.14 亿吨降低到了 8.56 亿吨）。

4. 21 世纪至今

2000 年后，德国政府继续采取积极的政策引导、完善法律法规、鼓励环境技术不断创新、加强投融资力度、加大人力物力投入鼓励出口等方式促进绿色环保产业的发展。

2000 年，德国颁布《可再生能源法》，建立了可再生能源发电的固定上网电价制度，对推动太阳能光伏、风电等可再生能源的发展发挥了关键性的作用。2003 年前后德国累计约有 8000 部联邦和各州的环境法律法规，另外欧盟还有 400 个法规，政府部门大约有 50 万人在管理环保法律法规。

在政府的引导与推动之下，德国企业在环境认证、环保专利申请、出口、获得投资等领域都取得了不俗的成就。截止到 2000 年 7 月底，在通过了 EMAS 认证的 3524 家欧洲企业中，有 2485 家是德国的企业，占总数的 71％；与此同时，德国还有 2300 家企业通过了 ISO14001 质量认证，是当时欧洲获得环境检测证书最多的国家，也是世界上获得 ISO14001 质量证书数量仅次于日本而位居第二的国家。2001 年其环保技术的出口已占世界份额的 18.7％，高过美国（18.5％），名列世界第一。1992—2002 年，德国企业注册专利的数量增加了 4 倍，2002 年在慕尼黑欧洲专利局（EPA）登记注册的环保专利中，约一半是德国公司申请的，德国企业在当时已成为世界环保技术市场的领头人。在国际市场上，大约有1/5的环保产品产自德国，环保产业的出口值约为350亿马克，处于世界领先地位。相比2004年，2013年德国清洁能源行业的投资增长了122%。

与上述相对应的是，德国的绿色环保产业产值、从业人数等都得到了迅速增长，并逐渐进入成熟期。2007年，其绿色环保产业从业人员达180多万人，占就业总人数的5%，其产值约占工业产值的5%，仅2005—2007年三年其产值就增加了27%，绿色环保产业已成为德国经济中的重要行业。根据德国著名咨询公司罗兰贝格2010年发布的报告，到2030年德国绿色环保产业产值将高达1万亿欧元，将超过机械、汽车等行业成为德国第一大产业。2013年，德国清洁能源相关产业创造了接近38万个就业岗位，预计到2030年，能源转型计划将创造80万个就业岗位。绿色环保产业发展也进入了成熟期，核心绿色环保产业十分成熟，德国绿色环保产业的发展重心已经由环境污染末端治理转移到包括废弃物综合利用、环境设施运营和维护、环境咨询等在内的全过程污染防控。

伴随绿色环保产业迅速发展的是环境治理成绩斐然。2002年，几乎所有的德国汽车的尾气排放都达到了欧洲Ⅲ号标准；工业废物如金属、木材余料、废机油、废玻璃、废汽车、旧轮胎等几乎都达到100%的回收利用；纸张和纸板回收率已达67%，超过日本的51%，美国的35%，居发达国家首位。2003年德国无铅汽油使用率几乎达到100%，而且欧盟范围内汽车被要求安装一个三通调节催化器，这一举动使二氧化碳、一氧化碳、碳氢化合物对空气的污染日益减少，空气中的氮氧化物含量大幅降低。一次能源消耗结构有了较大的变化，清洁能源的消耗比例呈现上升趋势，2013年德国可再生能源发电比重由 2000 年的不到 7% 上升至接近 25%，可再生能源已超核能，成为该国第二大电力来源；2012 年德国温室气体排放相比 1990 年降低了 25.5%，超过《京都议定书》规定的到 2012 年降低 21% 的承诺。目前，德国在废水、废气、废料的处理等方面也处于世界领先地位。

(四)美、日、德绿色环保产业发展路径及经验总结

回顾美、日、德三国的绿色环保产业发展历程，可以梳理出这样的发展路径：环保领域仅有零星的法律法规与少量的融资等支持手段，此时还谈不上有绿色环保产业，仅有少量的环境产品及服务的供给——工业化进程使得环境污染问题日益严峻，由此政府开始意识到环境问题的重要性，加快并加大了制定环境法律法规的进程与力度，催生了大量的环保需求，绿色环保产业诞生并迅速发展——环保法律法规日益健全完善、标准日趋严格，进一步促进了绿色环保产业的发展——除了通过行政手段，政府开始有意识地利用经济手段来解决环境问题，政府规制与市场规制同时发挥作用，引导绿色环保产业的发展——国内环保市场饱和，绿色环保产业内部竞争激烈，政府开始出台政策鼓励环保企业加大技术研发与创新，面向国际市场出口产品服务及技术，绿色环保产业方向逐渐趋向循环型、新能源化。

从环保出口、环保技术、环保专利、环境治理效果等指标来看，美、德、日三国的绿色环保产业在全球都具有相当大的竞争力，政府的有效引导是其成功的主要原因。回顾三个国家的绿色环保产业发展历程，可以清晰地看到政府在制定并完善环保法律法规政策、鼓励绿色环保产业市场化发展、鼓励环保投资与技术创新及出口等领域的有效作为。在政府政策的引导下，企业积极响应，民众大力支持，大量的资本投入到环保领域，有力地促进了绿色环保产业的发展。

三、我国绿色环保产业及其发展

(一)我国绿色环保产业的发展历程

1. 20世纪60年代中后期到70年代初

这一时期,我国的环境问题开始受到重视,环境治理的重点围绕着三废、水域水库污染及保护展开,成立了"三废"利用领导小组、环境保护领导小组筹备办公室、保护黄河等水域的环保领导小组等组织机构,在全国范围内开展了环境污染调查,制定了《工业企业设计卫生标准》《渔业用水水质标准》《生活饮用水卫生规程》等文件和法规。伴随着这一系列工作的展开,环保监测站及区域监测网逐步建立,污染控制设备开始研制销售,但环保领域总体产值低、规模小、种类少,还谈不上绿色环保产业这一概念,仅有少量的环保产品和服务的需求及供给的产生。

2. 20世纪70年代中期到80年代

这一时期,我国陆续召开了两次全国环境保护会议。1973年第一次全国环境保护会议后,国务院成立了环境保护工作领导小组。紧随其后,各省、自治区、直辖市及国务院有关部委也陆续建立了环境管理和环保科研、监测机构;"国家保护环境和自然资源,防治污染和其他公害"被写进宪法,通过了《中华人民共和国环境保护法(试行)》。1983年第二次会议后,国务院环境保护委员会、中国环境保护工业协会相继成立。这些工作表明环境管理越来越受重视,环境保护被纳入法制轨道,与之相匹配的是环保需求及供给逐步放大。1988年,时任国务院环境保护委员会主任的宋健第一次公开提出"绿色环保产业"这一概念,可以将其看作我国绿色环保产业产生的一个标志。根据1989年全国第一次环保工业调查,我国绿色环保产业1988年的生产总值为38亿元,主要产品包括治理环境污染的机械设备、专用仪器及专用材料等,但这一时期大多数环保企业属于集体企业和乡镇企业,规模小、技术落后,年产值500万元以上的仅占7.1%。总体来说,这一时期的绿色环保产业规模小、力量薄弱,尚处于产业发展的早期阶段。

3. 20世纪90年代到21世纪初

这一时期,伴随着国家越来越重视环境问题,绿色环保产业的地位也在提升。1988年,国务院出台《关于当前产业政策要点的决定》,将绿色环保产业列入优先发展领域。紧随其后,一系列促进绿色环保产业发展的会议密集召开,一些政策及方案陆续出台:1990年国务院环境保护委员会通过《关于积极发展环境保护产业的若干意见》;1992年召开全国第一次绿色环保产业工作会议,国务院环境保护委员会出台《关于促进环境保护产业发展的若干措施》;1995年国家环境保护局发布《关于绿色环保产业科技开发贷款有关事项的通知》;1997年发布《关于环境科学技术和绿色环保产业若干问题的决定》;1998年国家环保总局召开全国环保系统绿色环保产业工作会议,2000年国家环保总局制定了国家绿色环保产业基地和绿色环保产业园区建设总体方案等。

这一时期还出台了一系列通知、办法、政策等,引导规范绿色环保产业的发展,如国家环境保护局1994年发布《关于开展环保产品质量考评的通知》,1996年发布《关于对环保产品实行认定的决定》和《环保产品监督检验机构管理办法》,国家环境保护局联合科技部、轻工业局、机械局等发布《草浆造纸污染防治技术政策》《机动车排放污染防治技术政策》,实行环保设施建设和运营权两权分离,发展环保设施运营业和污染治理服务业,将环境保护产品认定由行政认定转换为第三方认定等。

在上述措施的引导、刺激之下,这一时期我国的绿色环保产业发展迅速。根据国家环保局2001年开展的2000年环境保护相关产业基本情况调查,截至2000年年底,我国从事环境保护工作的人员数量达317.6万人,企事业单位总数达18144家,年收入总额1689.9亿元,是1988年38亿元的44倍多。

4. 21世纪至今

"十五"期间,国家环保局发布了《关于加快发展绿色环保产业的意见》,国家经贸委发布了《绿色环保产业发展"十五"规划》,实施和推进了淮河、海河等重点区域的污染防治工作,在环境管理方面继续加强了机制、政策及制度创新,加大了环保基础设施建设的投资力度(相比"九五"阶段的投资翻了一倍,占GDP比例首超1%)。总的来说,"十五"期间的绿色环保产业总体规模在壮大,涵盖领域在扩展延伸。

"十一五"期间,环保项目被正式列入国家财政总预算之中,政府采取了一系列措施及办法来促进节能减排,加大了包含环保项目等的基础设施建设以应对全球金融危机,并提出将节能环保等战略性新兴产业培育成先导支柱产业。这期间,绿色环保产业作为战略性新兴产业得到了较快的发展,环保投资总额在"十五"基础上几乎翻番,在GDP中占比上升到1.35%。根据《第四次全国环境保护相关产业综合分析报告》,2011年我国环保相关产业年营业收入达到30752.5亿元(占同期GDP的6.5%,是2004年的6倍多,2004年占同期GDP仅为2.8%),年营业利润2777.2亿元(是2004年的7倍多),从业人员319.5万人(是2004年的2倍),年出口合同额333.8亿美元。

"十二五"期间,我国生态环境部发布了《关于环保系统进一步推动绿色环保产业发展的指导意见》,国务院发布了《"十二五"节能绿色环保产业发展规划》《关于印发"十二五"国家战略性新兴产业发展规划的通知》《关于加快发展节能绿色环保产业的意见》等,这些都对绿色环保产业的发展提出了指导性意见。这一时期,国务院发布了《大气污染防治行动计划》,环保部联合财政部和发改委发布了《重点区域大气污染防治"十二五"规划》,制定(或修订)了《水泥工业大气污染物排放标准》《水泥窑协同处置固体废物污染控制标准》《电池工业污染物排放标准》《制革及毛皮加工工业水污染物排放标准》《炼钢工业大气污染物排放标准》《炼焦化学工业污染物排放标准》等,促进了绿色环保产业的快速发展。

"十三五"期间,中共中央国务院制定出台的《关于加快推进生态文明建设的意见》、"十三五"规划建议、2016年政府工作报告、"十三五"规划纲要、《"十三五"国家战略性新兴产业发展规划》等政策都提到了要发展节能绿色环保产业、支持绿色清洁生产、重拳治理大气雾霾和水污染、推动新能源和绿色节能环保产业快速壮大等内容;环保部出台《关于积极发挥环境保护作用促进供给侧结构性改革的指导意见》,指出大气、水、土壤污染防治三大战役为绿色环保产业发展提供了大好机遇;国务院发布了《土壤污染防治行动计划》《"十三五"生态环境保护规划》等。

21世纪以来,在上述政策措施的引导、刺激之下,我国绿色环保产业相关领域的投资不断增长(2010年6654.2亿元,2014年9575.5亿元),发展规模逐渐壮大(2011年产值3万亿元,2014年产值3.98万亿元),所涉领域不断拓展,逐渐发展成为包括环保产品、环境服务、环境基础设施建设、资源循环利用、环境友好产品等多领域的综合产业体系。

(二)我国绿色环保产业发展现状

我国绿色环保产业规模在逐年增大,根据国民经济和社会发展统计公报,2017年生态保护和环境治理业比上年增长23.9%,2018年比上年增长43.0%,2019年生态保护和环境治理业固定资产投资比上年增长37.2%。根据《中国绿色环保产业分析报告(2019)》,全国绿色环保产业营业收入2018年约16000亿元,较2017年增长约18.2%。

我国的绿色环保产业呈现出明显的区域分布集中和产业集聚趋势。从地域分布来看,东部地区聚集了近半数的企业,其产业贡献显著,东部地区营收总额超过中部、西部和东北三个地区营收总和,营收总额紧随其后的依次是西部、中部与东北,北京、湖北、浙江、广东、江苏5省(市)贡献了全国超过一半的营收。我国绿色环保产业主要分为土壤修复、水污染防治、大气污染防治、环境监测、固废处置与资源化等细分领域,而约90%的环保企业聚集在后四大板块,后四大板块贡献了约95%的行业营收和利润。

我国绿色环保企业依然以小微型企业为主。2015年,A股上市企业中主营环保业务的仅为39家;兼营环保业务的为53家,部分企业的环保业务占比较低。A股上市环保企业总市值仅占A股上市企业总市值的2%左右。10%的企业贡献了超过90%的营收。

绿色环保产业不同于传统工业企业,技术性强,专业化程度高,对高层次人才的依存度较高。统计显示,我国绿色环保产业从业人员明显呈现出研发、管理及工程技术人才需求大,高学历、高级技术职称人员占比高等特点。

(三)我国绿色环保产业发展面临的问题

1. 法律法规不健全

环境法规是绿色环保产业发展的强劲动力。欧盟、日本、美国等发达国家和地区通过了大量涉及大气污染、水环境、废物管理、污染场地治理等有关环境保护的法律及配套保障措施,环境政策法规体系相对完善。而我国现今仅有《中华人民共和国污染防治法》《中华人民共和国固体废物污染环境防治法》《中华人民共和国大气污染防治法》《中华人民共和国噪声污染防治法》和《环境影响评价法》等少数环境法律法规,法律法规不健全,存在对一些具体问题没有给出详细说明(如新环保法在实施细则、权责明确等方面尚需进一步加强)、出现制度空白点(如环境服务领域标准缺乏)、部分规定之间存在矛盾与冲突(如针对水、大气、噪声、固体废物污染等专项环境治理的法律法规过于陈旧,部分内容甚至与新制定的《环保法》相悖,无法形成法律约束合力)、无法保障有序落实、部分规定与当前发展需求不匹配甚至产生阻碍作用等问题。

2. 环境管理法规执行难

上述环境管理方面的法律法规虽直接赋予环境保护管理部门限期治理决定权,但仅有的这点权力在实践中因缺乏必要的强制执法手段而执行困难。依照法律规定,环境管理部门对违法企业依法做出停业、停产的决定后,如果相关责任人拒不履行,则只能通过申请人民法院强制执行的方式,迫使其履行。但对是否受理和支持相关行政行为,法院还有一套程序,如果法院认为不合理,就无法执行。由此,需要赋予环境保护管理部门直接强制执行权力来保证执法的权威性与严肃性。

3. 环境质量标准制定与实施不合理

(1)目前,在我国环境质量标准制定过程中存在标准制定程序不合理、缺乏深入系统研究、未充分采纳各行各业意见、对不同企业的污染特性和治理技术缺乏深入了解、与监测监管技术结合不紧密等现象,并因此带来我国环境质量标准规范不统一,标准不够客观科学、过严或过松等问题。

(2)标准不够均衡,浓度控制标准较多,总量控制标准较少。综合性排放标准管理面虽大,但操作性不强。行业型排放标准数量过少,无法满足现实环境保护需求。

(3)缺乏环境质量标准修正机制,有的标准十几年都不修订,与经济发展和技术进步的水平难以协调一致,因此可能限制排污企业生产技术的调整,降低标准的可执行性。

(4)国家环境标准体系建设的科研资金投入严重不足,相关标准的制定(或修订)无法通过大规模实地监测获取足够的样本数据,不能代表大多数环保企业的技术水平。

(5)对标准的实施没有明确严格的责任主体和相关的法律责任,重标准制定,轻标准实施。

(6)标准的制定(或修订)缺少相应的技术支撑,缺乏科学性和可操作性。

4. 对环境违法处罚太轻,界定模糊

总体来说,我国现行的环境违法处罚无论是经济还是刑事处罚力度都较轻,且界定模糊,并因此带来了一系列负面效应。

首先是经济处罚力度轻。以排污费为例。目前,我国对企业的正常排污标准设置偏低,超标排污仅需要加收一倍的排污费,企业在进行经济利益权衡时,发现治理污染费用远远高于缴纳排污费,很容易就会选择缴纳排污费,并理所当然地认为缴纳了排污费就获得了管理部门对其环境污染行为的认可,而继续放心大胆地排污,污染环境。

其次,我国《环境影响评价法》对违反环评法规的处罚、《大气污染防治法》对企业超标排污行为的处罚、《水污染防治法》和《固体污染防治法》对经济环境产生严重后果的违法行为的罚款相比环境污染治理的代价,处罚额度都显得太轻,企业建设、改进、运行环保设施的费用可能远高于这笔罚金,这就造成了企业不愿增设排污处理设施,或者即便因为压力增设了环保设施却因为运行费用高而宁愿接受罚款的行为。

再次是刑事处罚标准界定不够明确和具体。如我国《刑法》规定了"破坏环境资源保护罪",但在"公共财产遭受重大损失""严重危害人体健康"及"后果特别严重"等内容的界定上,不够明确与具体,由此造成了量刑难、追究环境违法者刑事责任难。虽然后面为此出台了相关的司法解释,将"破坏环境资源保护罪"中的"重大污染环境事故罪"修改为"污染环境罪",并将"非法排放、倾倒、处置危险废物3吨以上的"等14项行为列入严重污染环境的认定标准,但对"非法排放、倾倒、处置危险废物3吨以下的"等低于定罪标准的违法行为,就难以以刑事责任追究违法者的责任。

5. 技术水平不高

环境污染的跨领域及复杂性对环境治理技术提出了较高的要求,而我国的绿色环保产业却存在总体技术水平不高、低水平重复、高新及关键技术创新少、引进技术消化创新及自主知识产权创新少等问题,与德国等发达国家还存在较大差距。以环保机械产品及绿色环保产业主导技术为例。我国环保机械主要产品中有40%还处于20世纪70年代的水平,20%具有20世纪80年代的水平,仅有5%达到国际先进水平;电除尘、污水处理技术、机动车污染控制、垃圾焚烧等主导技术中少见我国的原创性技术。我国尚处在学习、消化吸收西方先进环保技术阶段,尚未成长到大量自主、原创性开发阶段。

6. 地方保护主义严重

一些地方政府为保护税收、GDP、就业等,私自制定及运用相关的土政策,对企业的环境违法行为姑息迁就,纵容不达标的企业继续开展生产经营活动;在上级主管部门检查时主动充当一些规模大、产值高的环境违法企业的保护伞,与其结成"同盟军",检查前通风报信、处罚时为其求情或者抢先处罚,削弱了环境监管的作用。

7. 监管不合理

我国环境监管一直以来都是"重审批、轻监管",缺乏对审批之后的监督管理,导致一些企业、项目等在生产及开展过程之中对环境质量标准执行不到位。另外,一些环境管理部门监管不力,存在"先上车,后补票",对环境违法等行为处理不到位(如私自降低处罚标准、越权审批、违规审批),监管腐败等不当行为,削弱了监管的权威性,影响了监管的效力。

8. 环保投资总量不足

虽然我国用于环境保护的投资额度每年都在提高,但其在 GDP 中所占的份额仍然不高。我国统计局数据显示,2001—2011 年这 10 年间,国内用于环境污染治理投资总额平均占年 GDP 总值的 1.3%,与美国环保投资约占 GDP 2%、日本环保投资占 GDP 2%—3%、德国环保投资约占 GDP 2.1% 相比,我国的这一数值明显偏低。按照国际惯例,当环保投资占 GDP 1%—1.5% 时,污染恶化趋势可得到有效遏制;当这一比例达到 2%—3% 时,可以有效改善环境质量。由此可见,我们只有继续增加环境治理费用投入,方能更好地改善环境,促进环保产业的发展。

(四)促进我国绿色环保产业发展的建议

根据我国绿色环保产业发展现存问题,结合绿色环保产业发展的一般规律以及发达国家绿色环保产业发展经验,给出以下建议。

1. 改良环境法律法规及标准的设计理念

我国现行的大部分环境保护法律法规、标准规范和产业政策秉承的都是"末端治理"理念,这一理念及相应的治理模式在我国过去的环境治理中发挥了一定的作用,但已不能适应当前我国发展要走可持续性道路、建设生态文明型社会的要求。当前,我们应该秉承"源头防治""全过程防治"的设计理念,促进环境污染防治工作从"治"转向"防"。

2. 完善环境保护法律法规及标准

绿色环保产业具有很强的政策依赖性,从发达国家绿色环保产业的发展历程来看,政府制定的环境法律法规及标准是影响一国绿色环保产业市场需求和发展的重要因素,环境政策(包括法律法规及标准等)的健全完善程度与绿色环保产业发展水平成正比。当前我国的环境保护法律法规及标准不完善导致了其对环境保护以及对绿色环保产业引导及规范作用的有限性,为此需展开针对环境立法及标准制定的系统分析及研究,在此基础上结合时代的要求完善环境保护法律法规及标准,使环境法规更好地发挥规范作用以及对绿色环保产业的引导扶持作用。

具体来说,当前,需结合新《环保法》修改完善水污染、噪声污染、大气污染、固体废物污染等专项环境治理法律法规,形成全方位的环境法律法规;修订(增补)污染设施运行监管、污染物排放限值、污染物治理的达标率等方面的相关配套法律、标准和政策。制定一整套的环境服务标准体系,形成环境标准制度链,实现通过标准的刚性约束促进环境服务业发展的目的。在污染物排放控制标准和第三方运营管理规定的制定与修订过程中,既要充分考虑当前绿色环保产业技术水平、装备水平、产业化能力等对标准实施的支撑作用,还要分析未来产业发展的技术要求,以及社会各界对标准内容编制的反馈意见等。

3. 调动多种力量参与环境保护

当前,我国环境污染和治理责任的认定主要基于"谁污染、谁治理"的指导思想,主要治理手段还是以行政处罚为主,但实践中却出现企业宁愿缴纳行政处罚金,也不愿主动治理污染的情况。另外,非点源污染难以明确界定污染者,因此无法采用"谁污染、谁治理"的指导思想进行污染治理。由此,需努力引导全社会共同参与环境保护,以克服上述污染治理中遇到的困难与问题,并对环境管理中的违法与不当行为(地方保护主义、监管腐败等)进行监督,以此引导促进绿色环保产业的发展。

4. 加强市场经济制度建设

绿色环保产业市场化是绿色环保产业发展的必然选择,市场化有助于提升企业经营效率,实现资源的有效配置,多个国家绿色环保产业的发展历史也证实了市场化是绿色环保产业发展的必然趋势。当前,我国的绿色环保产业尤其是环境服务业的市场化程度还比较低。为此,我国已经开始重视市场配置资源的基础性作用,开始建设市场经济制度,但还存在一些问题:如环境保护基础设施的特许经营制度和工艺污染治理项目的专业运营制度还没得到有效应用;再如对特许经营和委托经营所涉及的产权、土地、税收、价格等综合问题难以在现有制度框架下统一协调解决等,尚需进一步完善加强等。

5. 完善绿色环保产业政策

目前,我国还没有出台专门的规范绿色环保产业发展的法律法规和相关引导性文件,现有的一些涉及绿色环保产业的条款分散在综合环境法律法规和相关的产业发展政策中,不全面、不系统,对绿色环保产业的总体发展不利。鉴于绿色环保产业在国民经济中的重要地位与发展前景,有必要专门针对绿色环保产业制定相关的产业政策及规章制度,引导其良性发展。另外,绿色环保产业政策的时代适用性也很重要,需要根据经济社会的实际发展变化情况及时调整绿色环保产业发展方向和侧重点。

6. 加强监管,减少监管腐败

加强环境监管,努力做到项目、工程等的全生命周期环境监管。

建立环境管理及执法监督机制(体系),加强对环境管理及执法的监督,减少环境管理部门的监管不当及监管腐败等行为。

7. 提高环境违法的成本

当下,有许多企业宁愿缴纳排污费(罚款),也不愿主动治污,主要是出于经济考量。由此建议依据收费标准高于治理成本的原则,提高排污费标准,并结合严格执法强化排污收费效果,改变当前"守法成本高,违法成本低"所带来的现实困境,促进企业主动治污。

8. 加大绿色环保投资

伴随对环境问题重要性的认识,我国的环保投资在逐年增加,占GDP 的比重也在不断增长。根据前瞻产业研究院发布的《环保行业发展前景与投资预测分析报告》,我国环境治理投资总额从 2000 年的 1014.90 亿元增长至 2016 年的 9219.80 亿元,年复合增速达 14.7%。2016 年,我国环境治理投资占 GDP 比例为 1.24%,但和美日德等发达国家平均占 GDP 2% 相比,仍显不足,建议加大绿色环保投资。政府可通过吸引社会资金进入环保领域、改善绿色环保产业的投资结构、提高资金的使用效率等方式弥补现有投资的不足。

9. 促进绿色环保技术研发与创新

我国绿色环保产业当前面临核心技术不足、竞争力不强等问题。由此,应加强绿色环保产业与高校、科研院所、国外先进企业的技术研发及应用的合作,促进绿色环保产业技术升级,利用清洁生产技术等改进提升环保装备、产品,促进绿色环保产业结构调整。

10. 促进绿色环保产业区域化和集团化发展

为顺应产业发展的园区化与集聚化发展趋势,克服当前我国绿色环保产业企业普遍规模小所带来的负面效应问题,政府可有意识地鼓励绿色环保产业向区域化和集团化发展,政府也可通过设立绿色环保产业园区,制定园区建设与发展规划(规划内容可包括明确培育环保企业集团化发展和推进集聚区建设的任务，以及相关配套措施等)、落实规划的方式鼓励其发展。通过园区式集聚发展，便利企业之间的信息交互、促进企业之间的知识共享，促进技术累积，激发企业技术创新潜能，形成绿色环保产业集群的创新网络，整体提升集聚区内的绿色环保产业的竞争力。

11. 大力发展环境服务业

发达国家的绿色环保产业发展经验表明，绿色环保产业发展的高级阶段是拥有高度发达的环境综合服务业，包括绿色环保产业和基础设施的设计服务、生产、建设、销售和运营以及售后服务等诸多环节的全产业链式的环境服务业。目前我国的环境服务业在环保产业中占比还比较小，有较大的发展空间。借鉴发达国家发展经验，我国可有意识地大力发展环境服务业。

参考文献

[1] 洪正华.大力发展环保产业加快建设绿色制造强省[N].云南日报,2020-09-02(5).

[2] 陈勃言,杨武.我国环保产业实现可持续发展的思考[J].中国环保产业,2020(8):15-20.

[3] 何丽华.绿色环保筑牢乡村可持续发展根基[N].贵州日报,2020-08-19(10).

[4] 李海生,傅泽强,孙启宏,等.关于加强生态环境保护 打造绿色发展新动能的几点思考[J].环境保护,2020,48(15):33-38.

[5] 张利明.让绿色发展成为转型升级的亮丽底色[J].企业管理,2020(7):51-53.

[6] 贺秀英.绿色"一带一路"背景下我国环保产业"走出去"的现状、问题及策略[J].对外经贸实务,2020(7):20-24.

[7] 刘士清.智慧环保监管融聚环保产业对策分析[J].能源与环境,2020(3):19-20.

[8] 林锋古.以智慧化重构产业生态 以特色化引领产业发展——基于宜兴环保产业的调查研究[J].江南论坛,2020(6):38-40.

[9] 刘士清.节能环保产业发展瓶颈与路径研究[J].北方环境,2020,32(5):224-225.

[10] 孙旭东,李雪松,张博,等.绿色低碳新兴产业成熟度评价方法研究[J].中国工程科学,2020,22(2):98-107.

[11]洪翩翩.环保产业新周期下:外企、民企、国企重塑新一轮环保产业格局[J].环境经济,2020(Z1):36-39.

[12]杨洁.发展绿色金融助推节能环保绿色产业[J].中国经贸导刊,2020(1):59-60.

[13]贾亚丽.推动潍坊市绿色经济良性发展的对策研究[J].中国商论,2019(22):197-198.

[14]卢汉文.绿色金融助力环保产业高质量发展[J].银行家,2019(8):44-46.

[15]王仁祥,陆鹏飞.科技创新、绿色金融与产业政策的耦合关系——基于我国节能环保产业的分析[J].北京邮电大学学报(社会科学版),2019,21(1):30-41,122.

[16]金芊芊,赵娟霞.绿色金融对环保产业发展的支持[J].经济研究导刊,2019(2):123-124.

[17]岳文飞,陈曦,等.生态文明背景下中国环保产业发展机制研究[M].北京:化学工业出版社.2017.

[18]徐波.中国环境产业发展模式研究[M].北京:科学出版社.2010.

[19]段娟.中国环保产业发展的历史回顾与经验启示[J].中州学刊,2017(4):7.

[20]连志东.环保产业发展影响因素的理论分析与实证研究[J].环境科学研究,2009,22(5):627-630.

[21]刘紫菁.北京绿色环保产业PPP产业化运作领域与模式[J].绿色科技,2018(14):289-292.

[22]杨林.共享经济背景下经济绿色发展的理论思考[J].苏州科技大学学报(社会科学版),2017,34(6):29-33.

[23]李江敏.绿宇环保:全循环绿色产业制造者[J].纺织服装周刊,2017(38):13.

附　录

附录1：全国人大及常委会制定的与绿色环保产业相关的法律法规

法律名称	发文字号（日期）	施行日期
中华人民共和国环境噪声污染防治法	主席令第24号	1997年3月1日
中华人民共和国科学技术进步法（2007年修订）	主席令第82号	2008年7月1日
中华人民共和国森林法（2009年修正）	主席令第18号	2009年8月27日
中华人民共和国矿产资源法（2009年修正）	主席令第18号	2009年8月27日
中华人民共和国水土保持法（2010年修订）	主席令第39号	2011年3月1日
中华人民共和国草原法（2013年修正）	主席令第5号	2013年6月29日
中华人民共和国渔业法（2013年修正）	根据2013年12月28日第十二届全国人民代表大会常务委员会第六次会议《关于修改〈中华人民共和国海洋环境保护法〉等七部法律的决定》第四次修正	2013年12月28日
中华人民共和国环境保护法（2014年修订）	主席令第9号	2015年1月1日
中华人民共和国水法（2016年修正）	主席令第48号	2016年7月2日
中华人民共和国固体废物污染环境防治法（2016年修正）	主席令第57号	2016年11月7日
刑法修正案（十）	主席令第80号	2017年11月4日
中华人民共和国海洋环境保护法（2017年修正）	主席令第81号	2017年11月5日
中华人民共和国水污染防治法（2017修正）	主席令第70号	2018年1月1日

续表

法律名称	发文字号(日期)	施行日期
中华人民共和国宪法(2018年修正)	全国人民代表大会公告第1号	2018年3月11日
中华人民共和国大气污染防治法(2018修正)	主席令第16号	2018年10月26日
土壤污染防治法	主席令第8号	2019年1月1日
中华人民共和国固体废物污染环境防治法(2020年修订)	主席令第43号	2020年9月1日

附录2:国务院制定的与绿色环保产业相关的法律法规

法律名称	发文字号(日期)	施行日期
中华人民共和国海洋石油勘探开发环境保护管理条例	1983年12月29日国务院公布	自发布之日起施行
中华人民共和国海洋倾废管理条例	1985年3月6日国务院公布	1985年4月1日
中华人民共和国防止拆船污染环境管理条例	1988年5月18日国务院公布	1988年6月1日
中华人民共和国防治海岸工程建设项目污染损害海洋环境管理条例	国务院令第62号	1990年8月1日
中华人民共和国防治陆源污染物污染损害海洋环境管理条例	国务院令第61号	1990年8月1日
中华人民共和国资源税暂行条例	国务院令〔1993〕139号	1994年1月1日起施行。1984年9月国务院发布的《中华人民共和国资源税条例(草案)》《中华人民共和国盐税条例(草案)》同时废止
中华人民共和国自然保护区条例	国务院令第167号	1994年12月1日
淮河流域水污染防治暂行条例	国务院令第183号	1995年8月8日
危险化学品安全管理条例	国务院令第344号	2002年3月15日
医疗废物管理条例	2003年6月4日国务院第十次常务会议通过	2003年6月16日
排污费征收使用管理条例	国务院令第369号	2003年7月1日
危险废物经营许可证管理办法	国务院令第408号	2004年7月1日

续表

法律名称	发文字号(日期)	施行日期
国务院对确需保留的行政审批项目设定行政许可的决定	国务院令第 412 号	2004 年 7 月 1 日
中华人民共和国行政复议法实施条例	国务院令第 499 号	2007 年 8 月 1 日
规划环境影响评价条例	国务院令第 559 号	2009 年 10 月 1 日
防治船舶污染海洋环境管理条例	国务院令第 561 号	2010 年 3 月 1 日
废弃电器电子产品回收处理管理条例	国务院令第 551 号	2011 年 1 月 1 日
放射性废物安全管理条例	国务院令第 612 号	2012 年 3 月 1 日
危险化学品安全管理条例（2013 年修订）	国务院令第 645 号	据 2013 年 12 月 7 日国务院令第 645 号发布的《国务院关于修改部分行政法规的决定》第二次修订
国务院关于修改部分行政法规的决定	国务院令第 653 号	2014 年 7 月 29 日
城市绿化条例(2017 年修订)	国务院令第 676 号	2017 年 3 月 1 日
中华人民共和国环境保护税法实施条例	国务院令第 693 号	2018 年 1 月 1 日

附录3:国家生态环境部门制定的与绿色环保产业相关的法律法规

名称	发文字号(日期)	施行日期
专项规划环境影响报告书审查办法	国家环境保护总局令第18号	2003年10月8日
环境污染治理设施运营资质许可管理办法	国家环境保护总局令第23号	2004年11月10日
建设项目环境影响评价资质管理办法	国家环境保护总局令第26号	2006年1月1日
国家环境保护总局建设项目环境影响评价文件审批程序规定	国家环境保护总局令第29号	2006年1月1日
排污许可证管理暂行规定	生态环境部环水体〔2016〕186号	2016年12月23日

附录4:国家其他部门制定的与绿色环保产业相关的法律 法规

名称	颁发机构及文号	施行时间
排污费征收标准管理办法	中华人民共和国国家发展计划委员会 中华人民共和国财政部 中华人民共和国国家环境保护总局 中华人民共和国国家经济贸易委员会 第31号令	2003年7月1日
医疗废物管理行政处罚办法	卫生部 国家环境保护总局 第21号	2004年6月1日
排污费资金收缴使用管理办法	中华人民共和国财政部 国家环境保护总局 第17号令	2003年7月1日
服务业发展资金管理办法	财政部 财建〔2019〕50号	自2019年3月15日起施行。《中央财政促进服务业发展专项资金管理办法》(财建〔2013〕469号)以及《中央财政服务业发展专项资金管理办法》(财建〔2015〕256号)、《中央财政服务业发展专项资金管理办法〉补充规定》(财建〔2016〕833号)等文件同时废止
最高人民法院关于适用《中华人民共和国仲裁法》若干问题的解释	中华人民共和国最高人民法院公告 法释〔2006〕7号	2006年9月8日
最高人民法院关于适用《中华人民共和国民事诉讼法》执行程序若干问题的解释	2008年9月8日由最高人民法院审判委员会第1452次会议通过(法释〔2008〕13号)	2009年1月1日
最高人民法院关于适用《中华人民共和国民事诉讼法》的解释	2014年12月18日由最高人民法院审判委员会第1636次会议通过(法释〔2015〕5号)	2015年2月4日
行政主管部门移送适用行政拘留环境违法案件暂行办法	公安部 工业和信息化部 生态环境部 农业部 国家质量监督检验检疫总局 公治〔2014〕853号	2015年1月1日

附录5:我国签署的与绿色环保产业相关的国际公约

名称	订立时间、地点及我国签署的时间
国际油污损害民事责任公约	1969年11月29日签订于布鲁塞尔,1975年6月19日生效。中国于1980年4月29日参加该公约
南极条约	1959年12月1日签订于华盛顿,1985年10月7日中国成为该条约协商成员国
保护臭氧层维也纳公约	1985年3月22日签订于维也纳,中国政府于1989年9月11日正式加入公约,并于1989年12月10日生效
关于环境保护的南极条约议定书	1991年6月23日签订于马德里。中国于1991年10月4日签署
关于消耗臭氧层物质的蒙特利尔议定书	1987年9月16日在蒙特利尔通过,1989年1月1日生效。其《伦敦修正案》于1990年6月29日在伦敦通过,1991年6月中国正式加入议定书,1992年8月该修正案对中国正式生效
控制危险废物越境转移及其处置的巴塞尔公约	1989年3月12日在瑞士巴塞尔通过,中国于1990年3月22日签署,1992年5月生效
联合国气候变化框架公约	1992年6月在巴西里约热内卢通过,中国于1992年6月签署,1994年3月21日正式生效
《联合国气候变化框架公约》京都议定书	1997年12月11日签订于京都。中国于1998年5月29日签署
中国和欧盟气候变化联合宣言	2005年9月5日在北京发表
巴黎协定	2015年12月12日在巴黎气候变化大会上通过,中国于2016年4月22日签署